文字・攝影 by Hally Chen

強調手作溫暖感

誕生網路時代的
臺灣文具新品牌 Mumu union

三年前開始從網路上出發的雜貨新品牌 Mumu union，
不但產品充滿獨創性，近年更透過參與市集和傳統書店通路上架，
以獨立製作的文房具及插畫雜貨擄獲不少國內年輕文具愛好者。
尤其該品牌標榜每件文具的獨一無二手工感和良好品質，
讓《文具手帖》決定拜訪該品牌位於台北的辦公室，
同時專訪背後負責的雙人組，本業美術設計工作的達先生，
和在知名繪本出版社從事編輯工作的兔小姐。透過他們的慷慨分享，
讓更多文具迷瞭解文具開發的甘苦和網路時代創業的心路。
原來文具不只是商品，同時也是某些人努力的心意。

文具手帖（以下簡稱文）：可否簡單解釋一下 Mumu union 品牌名稱的由來？

Mumu union（以下簡稱 m）：mumu 其實是木木的譯音，剛好我們兩人姓林，念起來又好記，所以一下子就決定用這個名字。（笑）

文：請教兩位 Mumu union 品牌開始的時間？

m：2009 年開始以這個名稱成立工作室，最初以裝禎以及平面美術設計的案子為主要營業內容，當時我們辦公室還窩在一個很小的套房，不斷地燒錢研發，產品第一次上架的時候我們緊張到不行，一整天緊盯著電腦。初次賣出去的產品是一本黑色筆記本，等了一個月客人上門。當時很認真的包裝，回想起來依舊好感謝那一位客人。雖然在出版社工作也會需要接觸銷售，但是賣出自己親手設計創作的產品截然不同，可能自己曾經有過這樣的歷程，現在看到國內新的獨立品牌，我們也會透過購買支持。

文：最初決定開發自己的文具品牌動機為何？

m：長期從事設計工作，漸漸瞭解接案必須以服務客戶為主，能夠實踐自己創意的機會仍然有限，經過日漸月累的磨鍊之後，對於出版和印刷經驗日漸成熟，2012 年決定開始跨足我們熱愛的文具設計。由於自身對於紙材的運用熟練，製程也沒問題，加上我們一直很青睞紙張帶有的溫度，加上自己時常找不到一本厚度剛好、素白紙張，同時尺寸符合自己需求的筆記本。所以最初便從筆記本和紙捲筆開始入手。

文：Mumu union 最初是以何種方式和大家見面？

m：2012 年創業初期是透過臉書粉絲頁發聲，現在也利用誠品等實體書店通路和大家見面，同時透過網路銷售平台做銷售。不過因為所有產品都有需要手工加工部分而數量有限，但是能讓自己親手享受有趣的動手過程，並且保留產品的獨特性。有時候還會很期待下班後可以做這些事。比起以前只是上班的生活，日子變得更踏實，看著自己筆記本上設計的草稿變成實品，也很有成就感。

文：現在的 MUMU 如何決定每一樣生產的數量？開發時有無遇過印象深刻的困難？

m：除了有些產品視材料的數量而定，大部分都是以不囤貨、新鮮為前提。一開始做紙鉛筆遇到很多技術上的問題，從使用的膠水到完成後能不能順利削筆，或是尋找理想的彩色筆芯。前後花了很多時間和工夫，一度差點難產，但最後還是一一克服了。

文：透過網路和客人的互動，與不時參與市集活動兩者有何特別的不同之處？

m：現在網路上幾乎每隔幾天就可以見到新的產品或品牌出現，連我們配合的廠商，也有是直接透過網路找到並互動

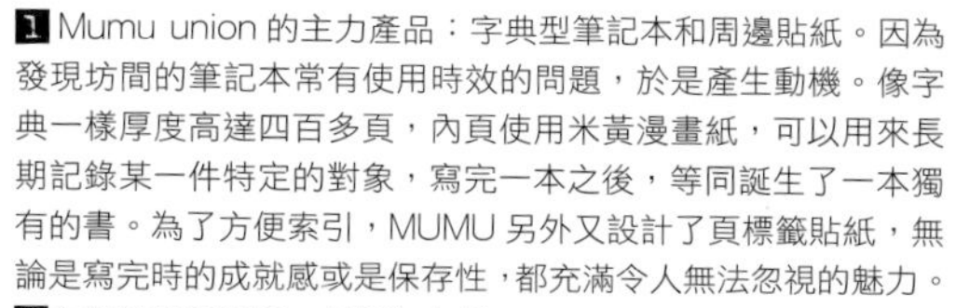

1 Mumu union 的主力產品：字典型筆記本和周邊貼紙。因為發現坊間的筆記本常有使用時效的問題，於是產生動機。像字典一樣厚度高達四百多頁，內頁使用米黃漫畫紙，可以用來長期記錄某一件特定的對象，寫完一本之後，等同誕生了一本獨有的書。為了方便索引，MUMU 另外又設計了頁標籤貼紙，無論是寫完時的成就感或是保存性，都充滿令人無法忽視的魅力。

2 方銅尺與閃電尺，材質為古銅。

3 Mumu union 的經典文具：圖案尺，共設計三款圖案，擁有雷射雕刻切割後自然的焦痕與味道，小物件還能搭配小五金 DIY 成飾品。

4 5 小徽章、小信封與明信片，小信封使用 MUMU 自己開發設計的包裝紙製作，可以用來送給朋友小東西時方便又好看的利器。

6 談起因為參加市集和客人印象深刻的互動所提到的浩克款運動長巾，尺寸為 23x100cm，使用台灣製開纖纖維布。

連絡的，網路時代已經完全來到。透過網路推廣和銷售，客人們常會在網路放上開箱文，也會透過留言特地告訴我們他想要的文具和現有產品的意見。這樣的互動方式有點像是共同創作，有一種和客人一起完成的感覺；至於參加市集和客人面對面是很有趣的經驗，有一次在中山國小的市集，一位殘肢的客人看見我們一款浩克系列的運動毛巾，上面畫了很多肢體。很興奮地說：「我的天啊，這好適合我。」意外遇到那樣正向開朗的客人，有著當初創作時沒想到意義，這樣的互動也讓我們格外珍惜。

文：請問目前品牌主要的客群？接下來有無其他計畫？

m：以大學生和上班族為主，其中又以女生最多，男生大都青睞筆記本等實用性的文具，也有買來送禮。也有不少媽媽喜歡買手捲紙鉛筆工具組，可以和小朋友一起動手做。至於其他計畫，我們現在還在開發的路上，很多想要做的產品都還沒做完，將來會希望有實體店面，現階段還是把重心放在接下來推出的新產品上。

文：請教平時產品開發的創意來源？

m：兩人都各自有各自的發想，也會互相討論。一方面會在網路上看，一方面自己很喜歡逛文具店，也會四處尋找新的資料。周圍的友人遇見有趣的文具時，也會特地告訴我們。有時候參加市集和消費者面對面，透過互動會聽到他們希望也有甚麼產品。

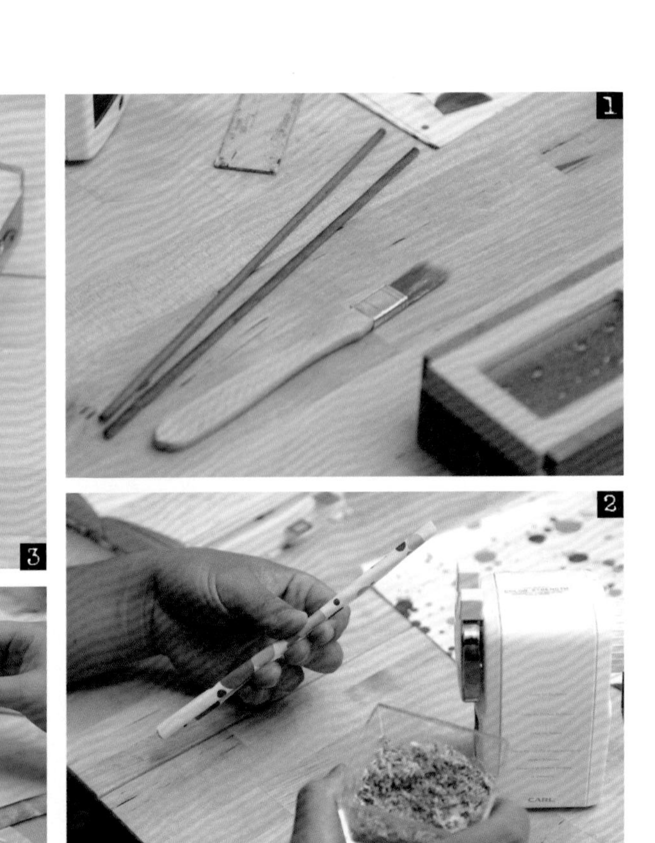

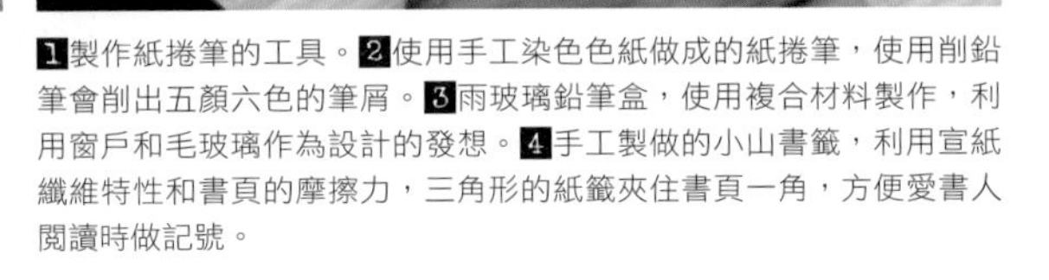

1製作紙捲筆的工具。2使用手工染色色紙做成的紙捲筆，使用削鉛筆會削出五顏六色的筆屑。3雨玻璃鉛筆盒，使用複合材料製作，利用窗戶和毛玻璃作為設計的發想。4手工製做的小山書籤，利用宣紙纖維特性和書頁的摩擦力，三角形的紙籤夾住書頁一角，方便愛書人閱讀時做記號。

主要的靈感多數來自自身生活上的需求，想到自己需要甚麼文具，在市場上也找不到時，就會有要不要來設計開發這樣產品的念頭。

文：目前手上哪件產品過程最辛苦？

m：脫離了紙材質都不容易，我們的量不大，大廠也不會理我們。像是雨玻璃鉛筆盒，使用木頭和塑膠的複合材料，加上還有尺寸要求，師傅就會覺得很麻煩，露出「你們業餘的怎麼想來玩這個」的表情。

文：這時代不少設計人也因為舞台有限感到困惑，能否以過來人和他們分享經驗？

m：在公司上班你可能只要把外觀設計出來，後面就交給廠商製作。所以對於自己的產品的製成過程並不一定真實瞭解。就像設計一條毛巾，你要怎麼把圖案印在毛巾上，彩料會不會傷身？顏色保用多久？使用時會不會退色？這些都不是在電腦上畫一張圖這麼簡單。每一個過程環環相扣，學習過程不會比在公司上班輕鬆，尤其透過網路銷售，相對得直接面對客戶的反應，有時產品的穩定性可能比外觀更加重要。雖然網路銷售速度快，相對客戶意見的回饋速度也快，好惡都會立刻讓你知道。產品本質優劣還是客人最在乎的，不會因為透過網路行銷而有所改變。

紙捲筆簡略手製過程

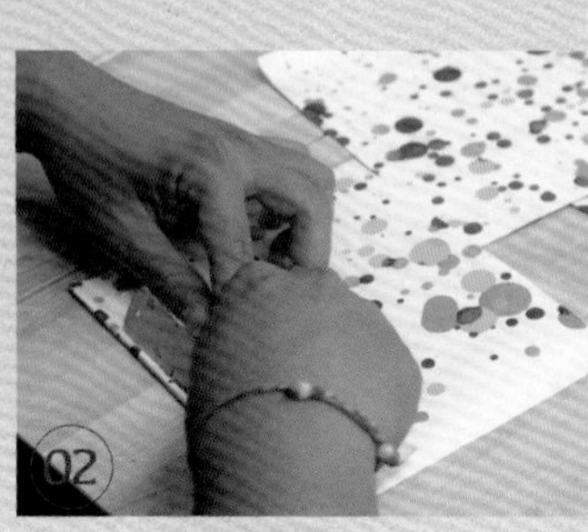

01 挑選紙張與色筆芯。

02 利用工具進行上膠及準備捲筆。

03 徒手將紙張捲覆筆芯。

04 捲好後遂進行最後加工。

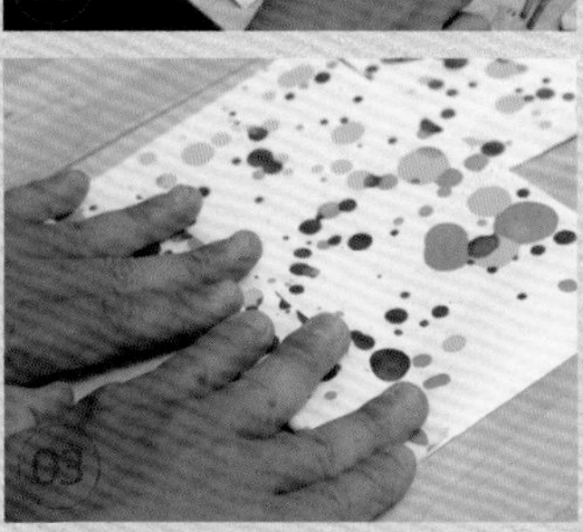

about

Mumu union 臉書粉絲頁
https://www.facebook.com/mumu.union

目錄 | Contents

致美好年代

古董&經典文具

透過沾水筆跟著王傑老師，
逐一回溯上個世紀，
工藝與動手書寫的精緻。

a curio & writing materials

屬於那個年代的美好工藝設計，

經過時間的淬鍊，

以現代的眼光探究，

依舊光芒不減，熠熠生輝。

這些夢幻逸品有些雖已令人扼腕的停產，

有的至今仍是長銷經典款。

但不管如何身為文具愛好者，

一同品味這些永恆的時尚，

探究歷久彌新的文具設計，

是至高的視覺享受。

與快速反其道而行：王傑動手用沾水筆畫出日常美好

攝影・文字 by 陳心怡

智慧型手機幾乎已是人手一支的日常生活必備用品，即使仍有少數人堅持不用太先進的行動電話，但仍難脫數位化的世界。「寫字」這件事，不知不覺已經成了「滑字」或者「敲字」，試想自己上次拿筆寫信、寫卡片或者寫文章是多久以前的事？

畫家王傑就是這麼一位反其道而行的經典人物，他不只畫畫，也拿筆寫字：拿著上個世紀各式各樣的沾水筆書寫歌德體。光是聽到「沾水筆」和「歌德體」就很陌生了吧？伍迪艾倫透過電影《午夜巴黎》緬懷著過去年代的美好，王傑是透過沾水筆逐一回溯上一個世紀的工藝與動手書寫的精緻。

王傑小檔案

基隆七堵人，巴塞隆納大學美術博士，專業畫家。堅持放慢速度生活，雙手不僅畫畫創作寫文，還不時燒出一桌菜：有父親的山東味、母親的台南菜、也有自己思念的西班牙料理。他不是關在創作象牙中的藝術家，而是常常走上街為土生土長的家鄉做點什麼、說點什麼的熱血青年。

「王傑的繪畫天堂」（網站與粉絲團同名）
http://chieh-wang.blogspot.tw
http://www.facebook.com/barcinochieh

a curio & writing materials

沾水筆的鮮活

對硬筆書法與西方藝術風格有濃厚興趣的王傑，第一次接觸沾水筆是在大學畢業後，他出於好奇心想試試看，玩了一陣，這種硬筆西方書法實在太冷僻，根本找不到人學，加上當時也沒有現在網路這麼發達，google 一下就有影片示範教學，所以他多半時間先用鉛筆與簽字筆練習。

「雖然對外文書寫不靈光，可是我覺得這是我的優勢。」憑著這股信念，王傑到了西班牙深造時，因課堂上需要大量筆記，這讓他有了機會好好練習硬筆書法。印象中，西方人寫的字都不太好看，不過王傑倒是有另種解讀：「歐美人士寫字雖醜，卻醜得相當有味道，而且每個人的筆跡都不一樣。」西方人的書寫因為呈現真實樣貌而顯得生活化，這與華人追求單一美感的標準書寫方式大不相同。

經過多年練習，真正大量使用沾水筆是 2003 年回國以後。王傑使用水彩快速記錄一景一物，開啟了他獨特的旅行速寫風格，但水彩筆畫不出線條感，而鋼筆的架構缺乏韻味也難以呈現景物柔和之美，意外地，他發現這些限制都可以在沾水筆中獲得解決，不僅換墨清洗方便、可迅速更換不同筆頭創作，而且線條饒富韻味。透過畫畫熟悉沾水筆的觸感，當王傑再回頭練習西方書法時，有了一番新的體悟。

各種不同筆尖與墨水，再加上紙質

不同，沾水筆畫出的每一道線條都有出人意料鮮活變化，任何可能性都有，「沾水筆呈現的效果充滿層次，太豐富了，讓我可以不斷有新的體驗。」王傑邊示範邊說。任憑數位化媒材再進步，仍無法取代手感獨一無二的美好。

手感的美好

當我們看到他一筆一畫寫出宛如印刷般的工整字體時，忍不住嘖嘖稱奇，打從心底佩服這樣的功力。王傑看似流暢地運筆、在紙上流轉律動，背後所耗費的代價其實不小，連他自己都苦笑：「我只想展現自己的成果跟大家分享，但我不會呼籲大家來寫字，因為這太痛苦了！寫一寫，有時也會懷疑自己：這到底在幹嘛？」。

剛用沾水筆書寫時，王傑花了很多時間尋找並描摹字體，但他不滿足於臨摹，「如果只是苦練實練，一定可以達到形式上的水平，但是如果要求表現情感與律動，我得找出自己的運動方式。」專心投入三、四年，幾乎每天要練上幾小時，也不知寫掉多少紙，王傑終於從運筆的順暢感寫出自己風格。

堅持書寫，是因為王傑認為人腦有著無限可能，透過書寫可以探索被這時代遺忘的世界，不會僵化於扁平、快速、粗糙的均質數位環境中，「這彷彿是延展了我的生命與創作，透過筆墨，可以讓我體驗我不曾存在的時代，用實際觸摸、嘗試，彷彿在那裡生活，我等於活過另一個時空，這很神奇！」。

2012年，王傑撰寫博士論文計劃之前，他先打草稿，再用沾水筆把草稿謄在特地挑選的紙上，洋洋灑灑寫了五頁，信封正面也以工整歌德體撰寫，再用蠟封，然後寄給教授；隔一年回西班牙與教授見面時，教授的反應讓他非常開心：「教授把我的信收得好好，因為他收到這封東方學生寫的信，實在太驚訝了！竟可以把西方字寫得這麼好！」。雖然只是一份博士論文提案，原本可以輕鬆快速地用電郵打字，但王傑費了一番功夫慢慢寫，更讓他相信，透過書寫傳情愈能恆溫長久。

3 台製墨水罐

原以為墨水罐只有外國有，當王傑拿出這個有點像是毛玻璃的台製墨水罐時，我們都驚豔了。最有趣的是，這是他在網路上所購得，「賣家不懂，也可能是老菸槍，把這墨水罐當煙灰缸賣，賣得不貴，我賺到了。」。

2 灰罐

這兩個看起來像是胡椒罐的瓶子，孔很大，但它不是裝胡椒或鹽，而是用來裝石粉。沾水筆的墨量比鋼筆多，以前人寫完字，來不及等墨水乾，就要撒點粉幫助吸掉多餘水分。「灰罐」是王傑自己翻譯的，西班牙原文是「拯救某件東西」的意思，意即透過灰罐，讓字體穩定。

1 讓人匪夷所思的墨水罐

王傑所有收藏中，就數這組墨水罐的來歷讓他摸不著頭緒。外盒是金屬製，裡頭三個非常小巧墨水罐用鎖固定位置，因為瓶身大，所以不會掉出來，「可以提、可以帶著走，這麼小，到底是誰在用？我無法理解為何有這種設計。」由於找不到任何製造商的資訊，王傑只好自己臆測，可能是以前郵差、查票員之類的人在用。

4 其他林林總總的墨水罐與墨水檯

看到電影《大享小傳》裡有跟自己收藏一樣的英式墨水罐時，讓王傑非常興奮！他說，以前英國紳士出門時都會有個旅行包，裡頭必備的除了打火機、火柴、盥洗用品外，墨水與筆就是也是少不得的物品。王傑彷彿是上個世紀歐洲紳士的化身，帶著濃厚的情感分享著令人目不暇給的收藏品，來源從西班牙、英國、德國、到台灣，材質有玻璃也有陶，有的被清洗得很乾淨，有的則留有過往使用痕跡；每去一趟西班牙，他就忍不住去古董市場帶回這些寶物，曾有一次全加起來約五十公斤，還遭海關盤問怎麼買這麼多？

百利金

這套製圖用的沾水筆大約在 30 年代問世，那時還沒有墨水管。每枝筆頭有不同口徑，適合不同粗細。這款設計最困難的地方在於它的筆尖是上下各一片，可以增加夾墨量，但墨水會囤積在夾縫裡，因此清洗完要把筆尖兩片打開晾乾。

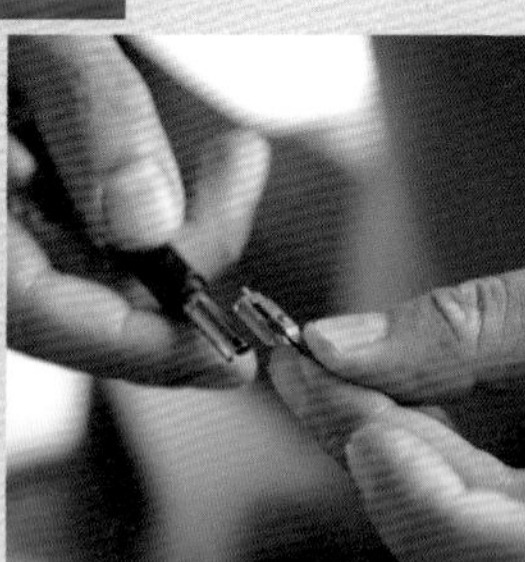

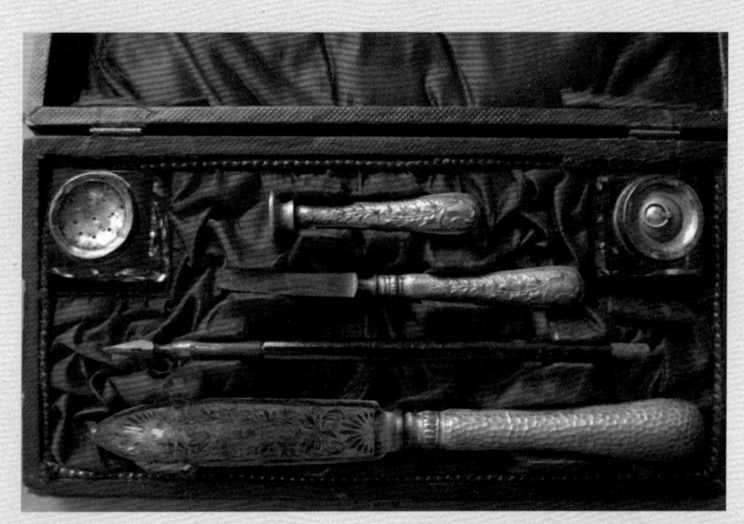

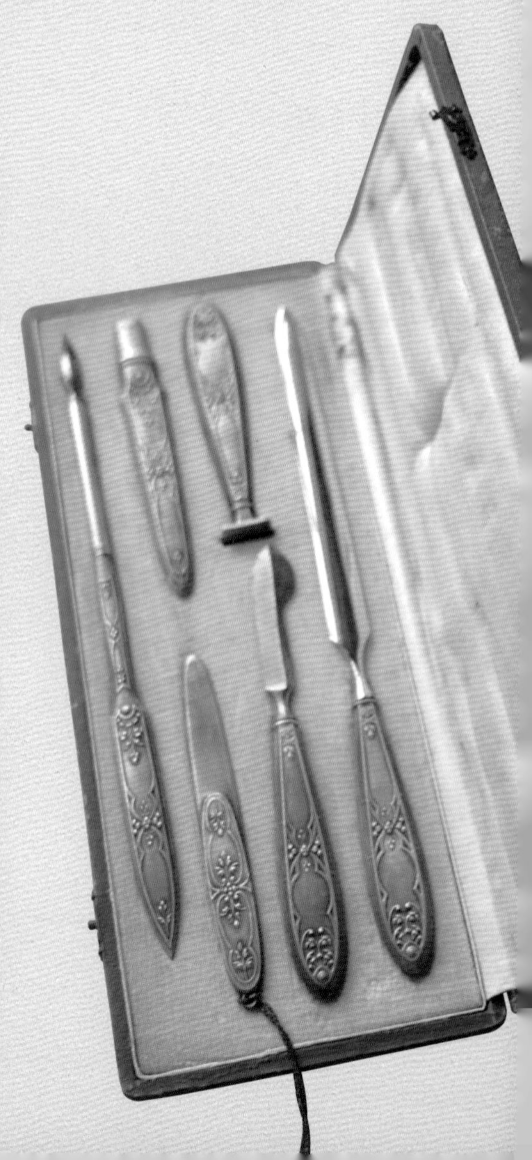

文具組

這些經典文具組通常都會有沾水筆、封印、修正刀、墨水罐、拆信刀、書籤，多半是貴族使用。

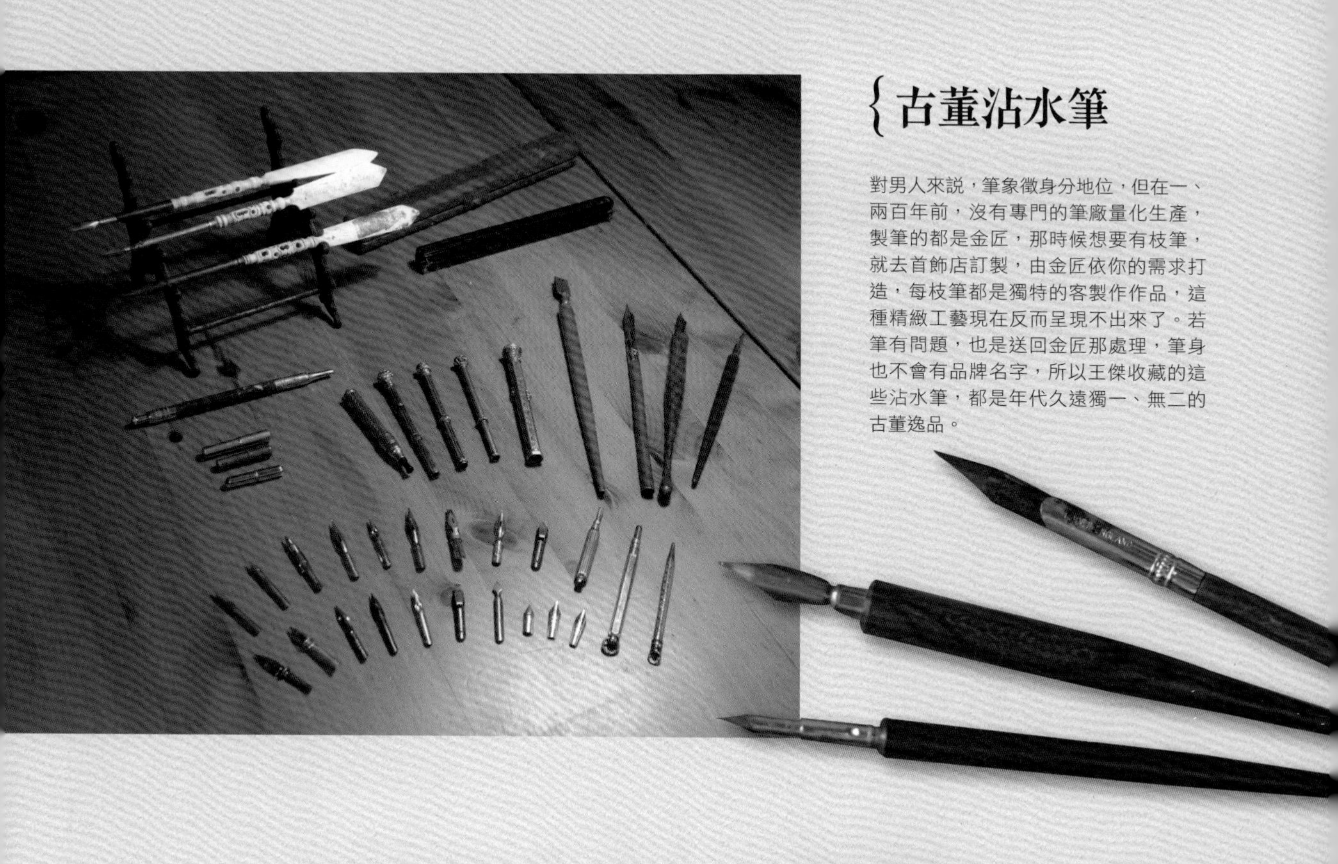

古董沾水筆

對男人來說，筆象徵身分地位，但在一、兩百年前，沒有專門的筆廠量化生產，製筆的都是金匠，那時候想要有枝筆，就去首飾店訂製，由金匠依你的需求打造，每枝筆都是獨特的客製作作品，這種精緻工藝現在反而呈現不出來了。若筆有問題，也是送回金匠那處理，筆身也不會有品牌名字，所以王傑收藏的這些沾水筆，都是年代久遠獨一、無二的古董逸品。

達人心語

這本筆記本是我在無印良品買的，上面的字是我自己寫的，多方便！你想自己用電腦打，還不一定印得上去；找人幫忙印，不知道要花多少錢；如果是自己寫，可以又快又好。當我能夠掌握書寫時，就可以馬上應用在生活中，這絕對會豐富生命。我寫信給教授，就是最好的例子，不僅可以改變別人對你的觀感，而且透過手與投入的心力所累積出來的能量，可以立即被感受到對人的敬意。

不過，我這樣講，聽起來很容易，但做起來很花時間，的確辛苦，當然這也是大家寧可放棄的原因，感覺似乎很不划算，但我覺得怎麼算，你都不吃虧，因為這不僅豐富自己的生命，同時也豐富別人的生命，在你生活範圍裡可以營造出無法被取代的感受。

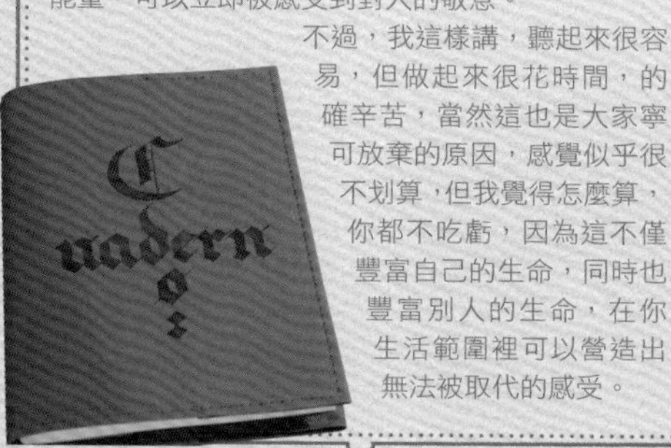

寫字檯

這個寫字檯是英國所製，美國早期受英國影響，也有很多人使用。寫字檯顧名思義就是可以在箱子上書寫，打開以後，裡頭還有很多小空間，可以放文具，最有意思的是，寫字檯通常會有一個祕密空間，可以上鎖，也許是那個年代會需要存放一些機密文件（或情書？）。

[Pencase Porn]

拾起過去，書寫未來

香港 city'super 資深文具採購 吳子謙（Patrick Ng）專訪

文字・攝影 by 黑女
LOG-ON 及活動現場照片由 Patrick 提供

about

黑女

深知不可將興趣變成工作，因此文具始終只是閒暇之餘的遊趣，
可以三餐吃泡麵但不能不買文具。
關鍵字是紙膠帶／筆記具／手帳，近期沉迷於刻章。
真實身分是專業菇農。
FB：BLACK DIARY
Blog：http://lagerfeld.pixnet.net/blog

Pencase Porn 1

天星小輪與電車：
每個使用者都是一座島嶼

對於在城市中移動的觀光客如我，交通工具是旅程中的浪漫，但總是十分非日常。身處地狹人稠的香港，又適逢佔中運動，要移動到哪裡都分外困難。原本從中環搭計程車過海不需十分鐘便能到九龍，在訪問的這一天偏偏計程車招呼站大排長龍，一輛車也沒有，眼看就要遲到。

「妳還是搭地鐵或天星小輪吧，遠比坐車快。」Patrick 傳來訊息。

一向覺得「天星小輪好浪漫啊」的我，此時不加思索便循著他的指示，鑽進了其實就在附近的地鐵站，趕路趕得一額汗。然後覺得「噢，這才是日常。」。

一見到 Patrick，他立馬拿出甫推出便火速完售的限量版電車 TRAVELER'S notebook（以下簡稱 TN），更透露：「最近剛買了一部徽章機，之後在 gathering 的活動裡也都可以使用，一拿到馬上就做了電車圖案的。」旅人對於交通工具的痴迷，可見一斑。Patrick 除了是香港 City' super 文具及禮品部門的資深採購，更身為 TN「骨灰級玩家」以及「Chronodex」時間管理表發明者，在 TN 官網上的「Professional Users」專欄，也刊載了他的獨門 TN 使用法。他透露 2006 年在 ISOT 文具展的 Designphil 攤位內部設計競賽中，就對 TN 一見鍾情：「一個人有三票，除了一票是人情票之外，其他兩票我都投了 TN！它很簡單，沒有太多商業元素，從當時至今規格也完全沒有更改，我覺得這反而是它成功的原因。」

在 TN 之前，Patrick 也曾是 Filofax 和 Moleskine 使用者，但 Filofax 過於沉重、設計不夠精美；Moleskine 紙質則不適合鋼筆書寫，連橡皮綁帶也會因潮濕而變鬆，不太適合亞洲使用，TN 卻滿足了所有需求。因此 Patrick 成了 TN 在香港發售背後的推手，不僅致力推廣「旅人式書寫」，也努力讓產品上市零時差。Patrick 打開電腦，裡面是密密麻麻的銷售表格和曲線圖，2011 年的銷售突然爆炸性成長，「之前一直都只是獨立的販售，當時開始進行『Travel Photo Café』的活動，結合了包括拍立得、咖啡和 TRAVELER'S notebook 等元素，我們邀請專業攝影師和大家做分享，怎樣拍照、怎麼做拼貼，再加上當時 regular 版本五周年紀念封皮發售，促成

了香港TN使用者大幅成長。」

「其實也就是因為這個時期，midori的飯島淳彥先生和設計師橋本美穗小姐他們來訪香港，在中環天星小輪碼頭附近喝酒時，討論到passport size的5周年版本要做什麼？我說，天星小輪如何？每一個使用者都像一座島嶼，也許有很多的想法，卻無法去分享，TN使用者應該有更多的分享、聚會。」Patrick說，分享和交通工具息息相關，「如果沒有天星小輪、沒有電車，沒有交通，人人都活在分離的世界裡，政經、社會發展甚至全球化也和交通脫離不了關係。」

種種思索濃縮於一本筆記，於是催生了TRAVELER'S notebook和天星小輪、電車日後的合作。「不僅香港人每天會接觸到船和電車，連外國人對於電車都有濃厚興趣，它本身已經是具有歷史、故事的交通工具，也希望將這些故事介紹給使用者，讓大家重新以不同的眼光看看這些交通工具。」Patrick回憶道，至今仍記得中學時代，帶著愛華隨身聽、上電車一路坐到總站的情景，柔和的電車燈光、開車時的「叮叮」聲，「雖然大家對香港的印象是很快、很嘈雜的地方，但是坐在車上，微風吹拂，會發現其實很寧靜、很浪漫，是自己和音樂、和思緒對話的時光。」

「網路當然也替代了一部分交通的功能，但在網上交流，訊息來得既快又輕，卻好像沒有面對面交流來得實在。」Patrick說，早在平板電腦上市前，他也用過包括Pilot、Newton等等PDA，「儲存在舊數位裝置裡面的東西，現在都不見了，甚至因為系統改變，根本無法存出。筆記本卻不一樣，它是拿得起來的過去，也是可以寫下的未來，我覺得這很重要。」數位產品不斷推陳出新，宛如曇花一現，反倒是非數位的筆記能夠永久留存，深深體會到這一點，Patrick連拍照也堅持使用底片機和拍立得，掃瞄上傳後的照片在Flicker和Instagram，仍然出色到被許多網友譽為「神級生火照」。

傳說中的Chronodex時間表

由Patrick發想、製作的Chronodex時間管理表，因格式自由，成為不少文具發燒友的最愛，甚至連淘寶店家都看上它的魅力，未經授權自行販售「山寨版」印章。Patrick透露，「我任職採購之後，負責日誌和手帳的銷售已經有12年，每一年會經手三至五百種的日誌，但在內頁設計上，無論是月記事

或週記事，大多採用制式方格，有些使用不到的空間被浪費了、寫起來比較受限。」Patrick 說，正因為想要把工作行程、會議和筆記整合在一起，卻又找不到適合的手帳，乾脆自己來，2011 年底終於設計發想出原創格式「Chronodex」。

「它可以作為 mind map 的中心圖案，每個人都可以針對自己的需要使用，但是我從未提出『官方用法』，有機會希望可以製作一部教學影片，與大家分享如何使用。」Patrick 表示，Chronodex 命名來自「Chrono」加上「index」，意為「時間的標示」，所以圓圈本身僅是指示，所有任務內容是寫在圈外的：「我是比較視覺的人，條列式記事容易忘記，Chronodex 卻可以馬上看出該做些什麼。」index 中有三層 level，第一層代表優先度較低的，次重要的畫至第二層，最重要的事務可以畫至三層。每天行程的重要性和優先順序，藉由顏色與層級區分，一目瞭然。每週周三在右上角、周四在左下角，周六、日一般工作較少，所以用表格標記。

一般使用者大多使用色筆或簽字筆來標記顏色，但 Patrick 講究地用水彩上色，「通常我每天都會帶在身上的就是 TRAVELER'S notebook 加上攜帶型水彩，工作上突然想做一些插畫或概念圖時，也非常實用。」Patrick 笑稱，有時手繪的草圖看來不怎麼樣，一加上水彩的顏色，看起來就「好犀利」，在會議上特別容易被採納。

Patrick 把 Chronodex 時間表做成 PDF 檔，大方在網路分享，期間經過 11 次改版，「從第一到第六版是手繪的，最初圖內全是空白，後來使用電腦繪圖，加上了輔助線，更容易畫得整齊。」他笑說，不僅要記事，也要注重繪製出的美感，畫出來雜亂無章可是完全無法忍受。經常工作到半夜的他，也在 Chronodex 上加入凌晨至半夜三點的區間，甚至為了研究 Chronodex 的可能性，特別替排班制的網友設計不同格式。而為了把 Chronodex 時間表化為手帳，Patrick 也和排版以及編頁苦戰許久，「現在的方式是用 A4 雙面列印，裁掉左右不需要的部分對摺，就是 TN 內頁的尺寸。」他苦笑說，「出版印刷不是我的專業，所以光是排版確認時間日期順序跟組合，就花掉很多時間，坦白說很麻煩，必須先做出一份手寫草稿來確認，一本半年份的 Chronodex 手帳至少要製作三天。」至於紙質是一般影印紙，嗜用鋼筆的 Patrick，也仍在找尋更適合的紙張讓 Chronodex 再進化。

談及淘寶網上的「山寨 Chronodex」，Patrick 百般無奈：「其實很多商品在展覽會時已經被盜版，就好像被偷了一樣，一個月之後在淘寶上就買得到，根本拿他們沒辦法。」正因已將格式在網上分享，也錯失申請專利先機。Patrick 表示，最初曾自行設計、找尋廠商製作 Chronodex 原子章，一枚可印三千次，沒想到製作第一版樣品後，廠商竟然宣告倒閉，他也因工作繁忙無暇再繼續修正，他幽默笑稱，「至少名稱都叫 Chronodex，也算是替這個格式增加知名度，希望將來有機會，能有公司真正願意生產 Chronodex 手帳。」

Patrick 目前使用的手帳內頁共有三種，自製的 Chronodex 內頁、手繪用的畫用紙本，空白內頁則作為會議記錄和塗鴉使用。除了 Chronodex 之外，沒有特別分類，生活中的想法、靈感、工作都會記錄在手帳中。「會議相關大多是用 mind map 的方式記錄，空閒時會想一些店面的陳列、手作的草稿等等，方格或橫線都感覺受限，還是空白最方便使用。」Patrick 說，空白內頁自由度大，發揮起來毫無限制，讓他一試成主顧。

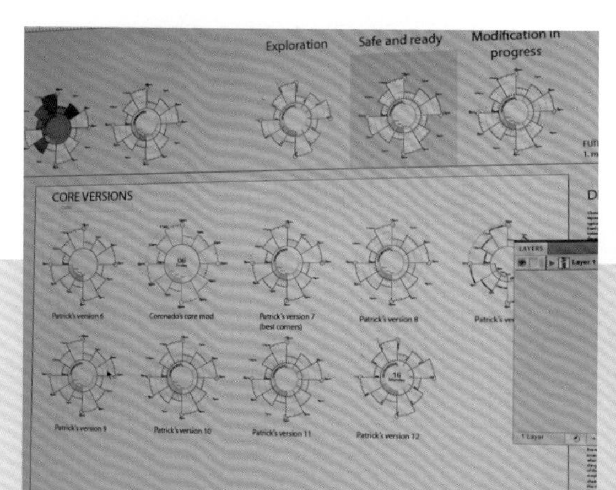

手作皮革、復古氣味，神級筆箱完整曝光

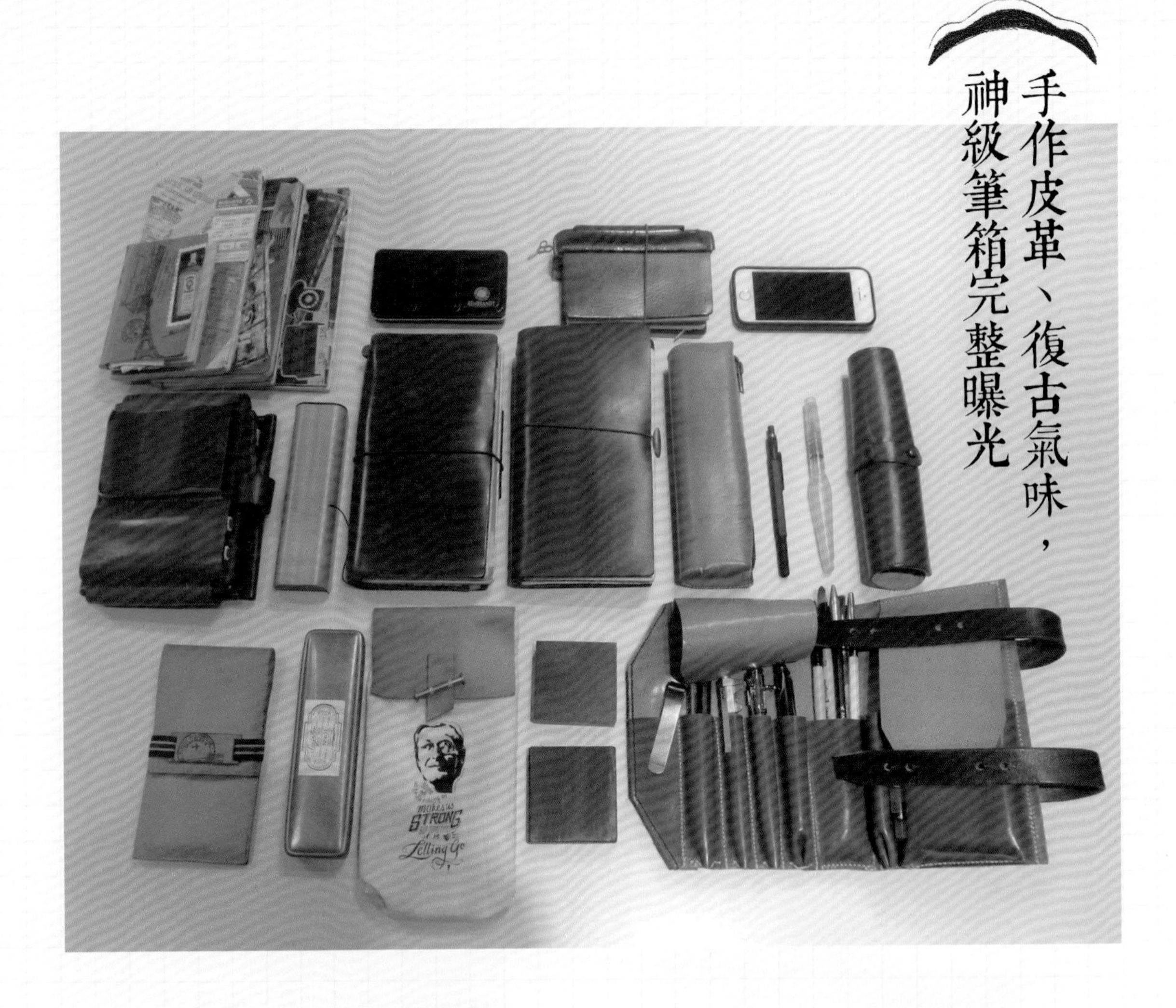

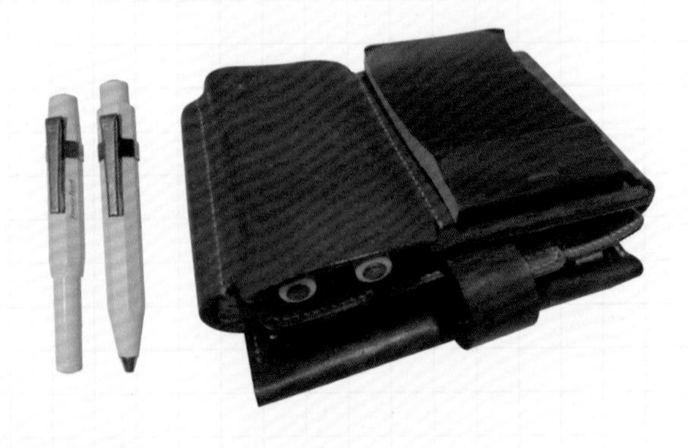

midori 黃銅筆箱

自家用工作桌筆箱，因黃銅材質容易發出聲響，不適合隨身攜帶，放置較不怕傷害的日常用筆。隨著時間改變質地的黃銅，上蓋貼有 Patrick 的部落格「Scription」復古風 LOGO 貼紙，內裝日製 Point 自動鉛筆、Parker Jotter 原子筆、Faber-Castell 原木桿 Ondoro 鋼筆等筆記用具。

自製皮革筆箱

一拿出來令人驚呼：軍火庫！的初代自製工作用筆箱。Patrick 手作，實因「買不到」是創作之源，為了做出理想的筆箱，Patrick 報名皮革手作課程、還買了各式工具，第一彈作品在種種錯誤嘗試下，花費數星期修改完成。

第一層包括可收納兩支 Kaweco 鋼筆和製圖鉛筆的筆插，以及收納 Mnemosyne 記事本的空間。概念和 Chronodex 同樣來自 GTD（Get Things Done，行為事項管理），可以隨時記下靈感和想法。第二層是 GTD 的 index card，同樣是皮革製，印上包括 Project、Next Action、Waiting 等等，作為團隊工作的整理。Patrick 表示，GTD 特別適合工作事項非常繁複的使用者，可將腦中的想法立即寫下、歸檔並畫分重要性，對工作效率有極大的幫助。

1 TRAVELER'S notebook+ 筆套

隨身的兩本 TN，其中 passport 尺寸加上了自製皮革筆套，隨身使用的是 Pilot 的 Capless 鋼筆上白金碳素黑墨水，黑色筆身磨損後露出潛藏的黃銅色澤，意外地美。Patrick 坦言是「無心插柳」，原本因筆容易磨損，心一橫乾脆直接用砂紙打磨、甚至故意把筆和鑰匙放在一起製造磨損效果，沒想到照片一上傳網路，竟掀起一股「Capless 自殘風」，到首爾參加 TN 聚會時，還有粉絲仿照研磨 Capless，讓 Patrick 直呼意外。

2 MD notebook 皮革封面自製筆箱

因為想要一個輕便、可裝入約 5 支筆的隨身筆箱，又恰巧摸到 midori 的 MD notebook 皮革封面，試裝後發現剛剛好，於是自行裁切縫製後加上綁書帶，製作了世界上唯一的筆箱。手作達人 Patrick 強調：「製作非常簡單！」筆箱中身並不固定，端視出門時想帶什麼筆、或當天工作所需，決定該裝哪些筆。

3 自製「理想的筆箱」試作版

目前最常用的筆箱，又是巨大軍火庫，但 Patrick 表示，這只是「理想的筆箱」的原型（Prototype），因體積過大、攜帶不易，所以只能稱為「試作版」。因現階段沒有縫紉機，只能以皮革手縫製作，計畫未來購入縫紉機後再製輕便的布料版（黑：手作之路，果然很漫長！）

能攜帶並收納所有需要的文具及工具，便是 Patrick 對「理想的筆箱」的定義，最常用的筆記具收納在拉鍊式筆箱，可以隨時分開或組合。筆箱中包括 Merchant & Mills 黑色線剪、尺、水彩用自來水筆、鉛筆以及 REMBRANDT 攜帶型 21 色水彩等等，隨身筆袋則有 MUJI 刀片、雷射指示筆等。

4 m+ Rotolo 卷型筆箱

因「捲起來收納」的概念和精緻外型而購入，看似嬌小的筆箱收納量也不錯，當時打算用來當成靈感發展一些新產品，皮質非常美麗。

5 AvanWood STORIO 木製筆箱

「挑戰材質限制」的筆箱，將堅硬印象的木頭經過處理，做出柔軟曲線，輕僅 55 克，內部有皮革包覆，可以保護筆記具防止磨損。內裝兩支美國品牌 Conklin 的馬克吐溫系列鋼筆，採用「弦月上墨」(Crescent Filler) 方式，按壓側面的月牙形狀，就能擠壓筆管中的墨囊自動上墨，除此之外，也能防止鋼筆滾落。

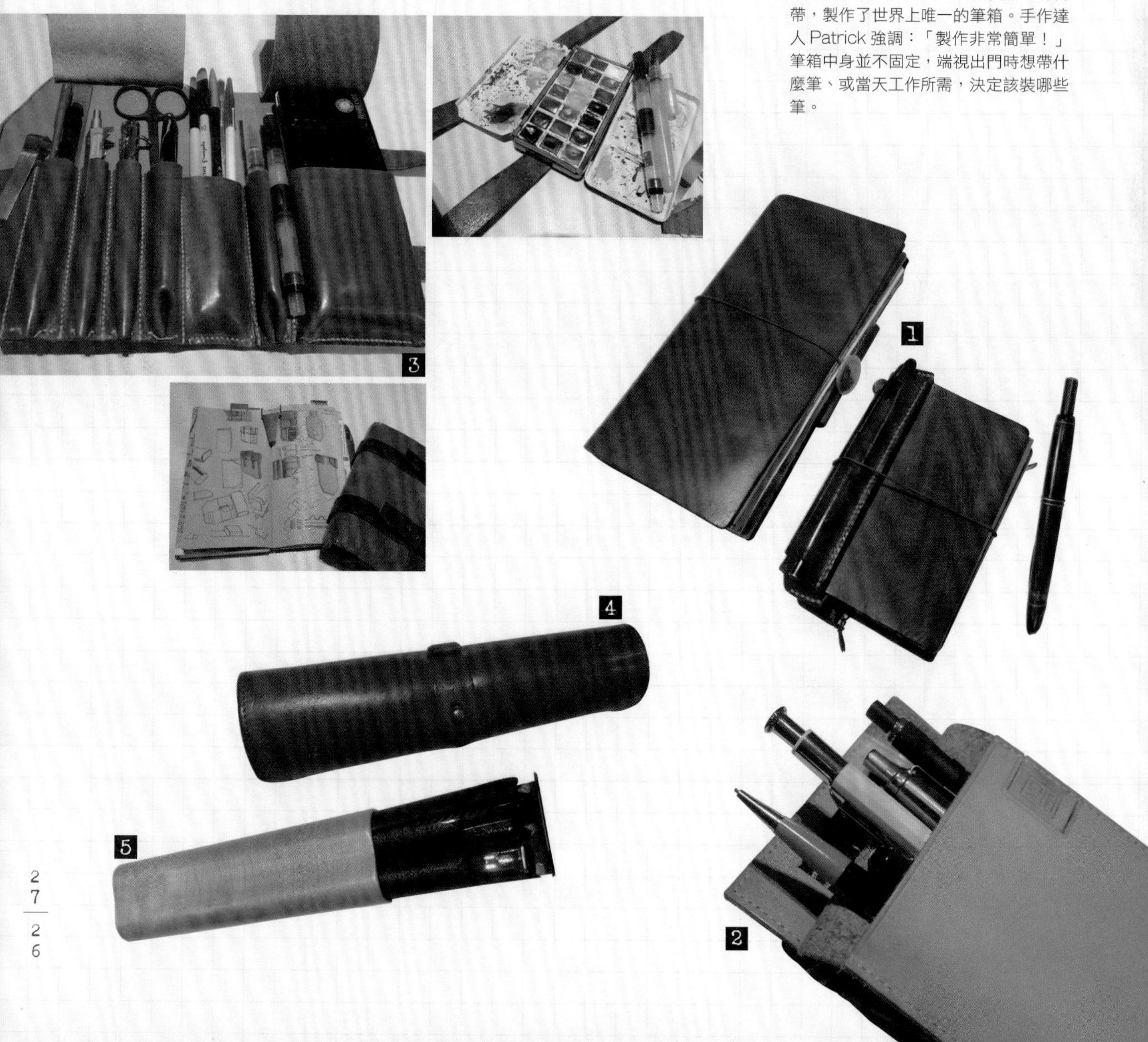

2

TRAVELER'S notebook 粉絲到港必訪：LOG-ON ToGather

LOG-ON ToGather
地址：香港銅鑼灣名店坊（Fashion Walk）1F，F10-16 號店舖
營業時間：11：00～23：00

DATE

旅行中的各種紙片拼貼，成為獨一無二的回憶。（照片由 Patrick 提供）

在台灣，要找一個場所分享大家的手帳不難，無論是咖啡廳、藝廊都不無可能，然而在寸土寸金的香港，文具迷卻足足等待了7年，才終於成立「LOG-ON ToGather」這樣的分享空間。Patrick說，「台灣像誠品或是咖啡廳，有許多空間可以舉行活動，在香港根本不可能，所以我們去年12月在LOG-ON的銅鑼灣店中設立了一個手藝空間，可以拼貼、可以分享，也可以舉行展覽，希望未來可以有更多的聚會和分享，和使用者建立更長久的關係。」在其中的TN corner，只要帶著你的TN，就可使用現場的紙膠帶、貼紙裝飾手帳，在gathering活動中還有古董壓字機刻印服務，為你刻製獨一無二的皮革封面。

旅行是一種拾荒，包括旅程中收集的DM、紙片、糖果和行李吊牌、食品包裝、樹葉、報紙、各種票根甚至是鈔票，除了貼入筆記中，還有絕招可以「資源回收再利用」Patrick親身示範將所有的旅行小物，全數排在掃瞄器上，掃瞄後製成的圖檔除了紀念之外，更可以作成A3大小包裝紙或是拼貼用的素材，或者裱框後就是很好的裝飾品。他笑稱圖檔列印輸出後：「只要不小心放在公司的彩色影印機上、不小心按下影印鍵就可以了。」

無論是票根或拍立得照片、甚至是鈔票，都能做為旅行拼貼的素材。（照片由 Patrick 提供）

專訪

文具的宮殿——
文具王高畑正幸

◎文、攝影／黑女

哪一支筆的墨水可以寫出的距離最長？某個牌子的橡皮擦屑，會是什麼味道和顏色？如何憑著微小的零件答出文具的完整品名？已經停播的日本電視競賽節目《電視冠軍王》，為「達人」樹立了無可超越的高標準，其中的「全國文具通選拔賽」，更可說是文具控必修科目。在該節目的競賽中，連續奪下三屆冠軍的高畑正幸，人稱「文具王」，今年在台推出新書《此生必逛的日本文具屋39選Plus嚴選文具40款》，趁此機會，文具手帖也進行了獨家專訪，直擊傳說中的「文具王宮殿」，與讀者分享文具王的私房文具術以及對於文具的熱愛。

《此生必逛的日本文具屋39選》野人文化出版。

必訪！文具店

黑女（以下簡稱黑）：《此生必逛的日本文具屋39選 Plus 嚴選文具40款》中的店家，是如何選定的？

高畑正幸（以下簡稱高畑）：雖然平時就經常逛各地文具店，但是為了《此生必逛的日本文具屋39選》的出版，從和出版社的編輯討論、選定要採訪的店家，到實際採訪並且寫完為止，歷時四個月，其中採訪和寫作大約兩個月。書中的店家是從我自己拜訪過的文具店中，挑出選物特別厲害的、或著是有非常值得一逛的特色的，也一起整理出包括「適合新手入門的經典文具店」和「個性派文具店」等特徵。

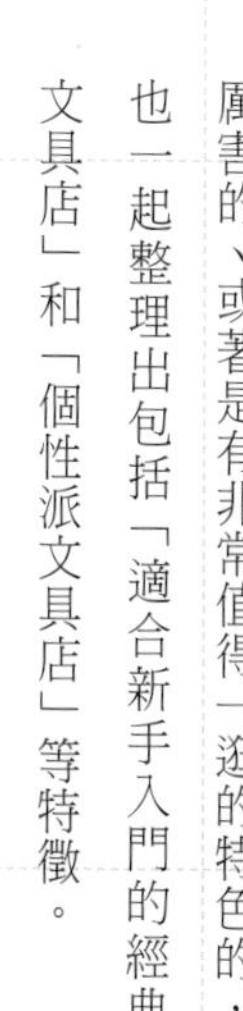

黑：近幾年的文具熱潮帶動不少雜誌對於文具店的報導，為何會想寫作《此生必逛的日本文具屋39選》這樣的專本書籍？

高畑：因為平常就在日本全國各地做實演販售，接觸文具店的機會非常多，也發現很多好店，希望可以和更多讀者分享。製作期間比較短的關係，採訪的時間也相當緊縮，比如後半部的當地文具店部分，就是從東京坐早上第一班6點的新幹線到岡山，接著和攝影一起租車到Usagiya拍攝、然後是神戶Nagasawa文具中心，接著在大阪過夜，隔天繼續採訪Flannagan文具店、然後前往京都惠文寺一乘寺店，行程相當充實。

黑：簡直是兩天一夜的關西文具之旅呢。

高畑：真的是，只有兩天逛遍地方的文具店，然後東京文具店的部分也花了兩天拍攝，其他沒有我出現的畫面，是麻煩編輯和攝影協助到現場拍攝的。最危險的不是體力，反而是一邊採訪、一邊逛文具店，不知不覺就買起文具，像是在Nagasawa文具中心買了鋼筆，光是在關西兩天就買到十萬日幣（約2萬8千台幣），對荷包也是一大考驗。坦白說，是非常愉快的文具店之旅，不過我也擔心該不會版稅還沒到手就先花光了（笑）。

黑：希望讀者們大力支持《此生必逛的日本文具店39選》（笑）。

高畑：有不少文具店都是因工作而成了朋友，藉採訪之便，也和很多之前未能好好聊天的朋友再次見面，印證實際去逛文具店真的很棒！這也是當初希望出版此書的初衷之一，希望大家都能體會逛文具店的樂趣。平時通勤途中、接受採訪的空檔，也會去逛逛附近的文具店，當然包括 Tokyu Hands、loft、伊東屋和世界堂這些在東京的大型文具店，每周去個兩三次也是必須的。

黑：每個月幾乎都有雜誌撰文、電視節目訪問，所推薦的商品，自己都會用過嗎？

高畑：全部都會用！市面上的文具幾乎都使用過，一有新品就會購入。反正我也買這麼多了（指身後收納櫃，笑），除了一年頂多用個一、兩本的手帳之外，包括筆記具在內的文具，所有推薦給大家的文具我都會自己使用過，才發表評論。

從文具控到文具王

黑：還記得一開始是如何對文具產生興趣的嗎？

高畑：我出身四國的香川縣，小學時在回家的路上有一家小文具店，當時沒事就會泡在裡面「挖寶」，就像有人會到書店看書打發時間，我是「如果不在文具店，就是在往文具店的路上」。後來跟老闆娘混熟了，去文具店時，除了瀏覽店內販賣的文具，還可以翻閱廠商寄來的最新目錄，向老闆娘下訂單說：「我想要這個，拜託進貨吧！」30年前的香川，不像現在什麼

文具王收集的骨董文具，包括釘書機、計算機等，其中大部分至今仍能使用如常。

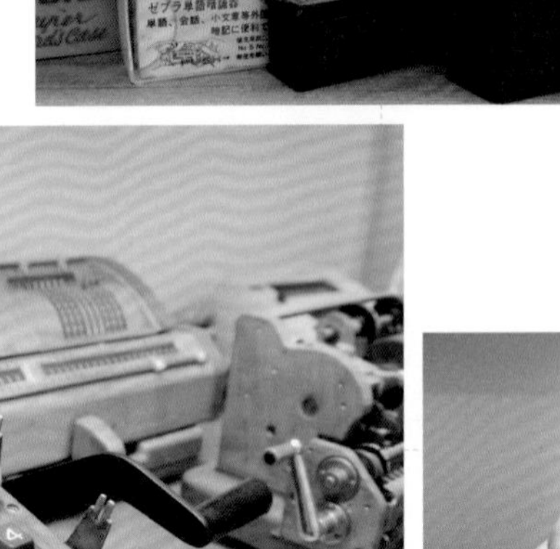

都買得到，也沒有網路，但是當時這種「隔空郵購」，讓我接觸到更多的文具，可以說是對文具的興趣的原點。那間店如今還存在，偶爾回老家香川時都會去看看，一走進去就感到非常懷念，還被老闆娘說：「你一點都沒變呢！」

黑：過去都是怎樣取得文具情報的？

高畑：大概國中時期，當時有本已經停刊的雜誌「B-Tool」，是關於文具的專門誌，我非常愛看，每期都會買。從1988年創刊號到1992年的停刊號，總共40餘本的雜誌，至今都還非常珍惜地收藏在書架上。

黑：不愧是文具王，不僅買得多，收納的方式也相當驚人，就如書中所示，工作室有一整牆的文具箱，請和讀者分享收集的心得以及收納方法。

高畑：一開始是從香川到東京千葉上大學時，買了兩個MUJI的塑膠箱裝文具，當時只是隨便把東西塞進去，但從那時開始，大概發展15年就會變成如今的模樣，從房間的地板直到天花板，都堆滿箱子。（笑）收納的要領其實很簡單，算好空間之後，最好一口氣購入收納的工具，比如箱子，不要一次一個一個地買，應該買好全部需要的數量，視覺上才會統一，可拉出的抽屜則用標籤機貼上裡面的內容物，同類的放在一起。像是簽字筆、鉛筆、橡皮擦這一類的文具，因為使用後就會減少，還有為了雜誌專欄，會將它們解體研究文具的構造，買的數量也會比較多，同款文具至少要買三個，一個日常使用、一個分解用、還有一個備用。

黑：分解文具是一般人在家能做到的事嗎？（驚）

高畑：大學時代念的是機械工學，所以這方面算是我的得意領域，另外就是家裡也有相關的工具，並不困難。當然為了收納，生活什物必須維持在最低限度，比如廚房只有一把菜刀和簡單的食器與餐具，下面的空間打開都是些電鑽之類的機械工具。

黑：這樣的收納量，搬家時相當辛苦吧？

高畑：的確呢，文具的收納箱總共有150個以上，光是打包就費了一番工夫。2011年東日本大震災的前幾天，我正好搬家，從千葉搬到東京都內，慶幸的是因為剛遷入新居，當時所有的文具都還收在紙箱中，因此毫無損傷，如果再遇到那麼強的地震的話，真不敢想像會怎樣。

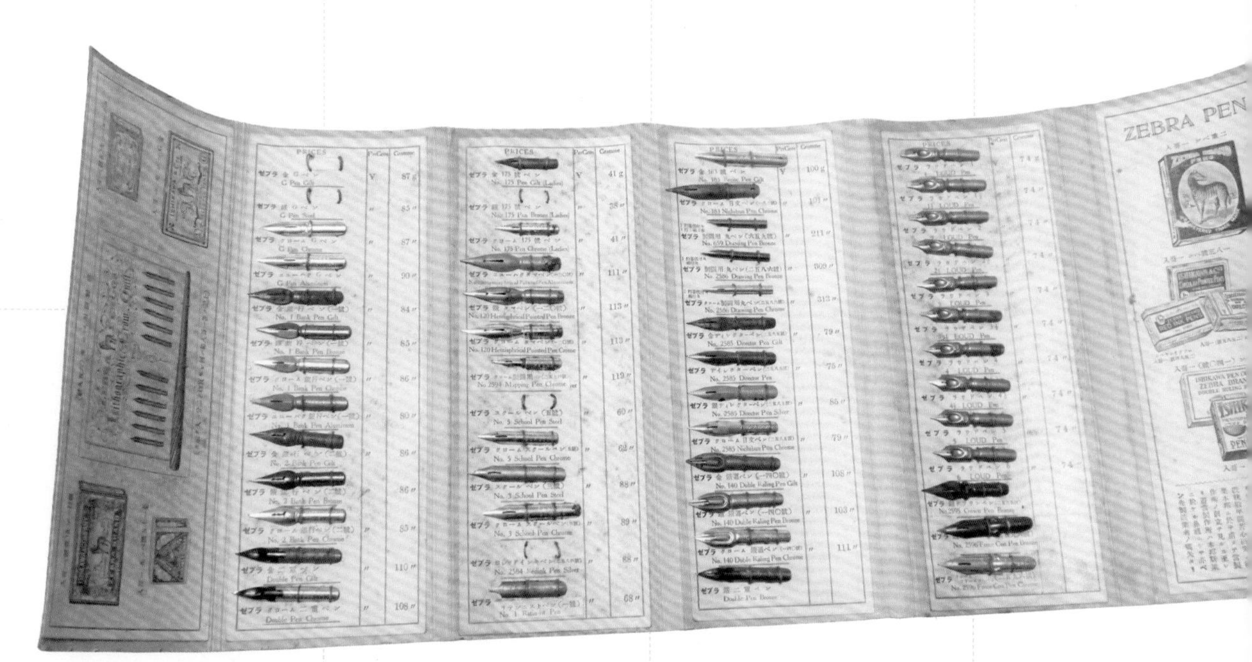

黑：有什麼您想入手、但卻擦身而過的夢幻逸品嗎？

高畑：實在是太多啦！文具這種道具，出自於人的思考，用途是解決生活中遇到的諸多不便。我特別喜歡研究設計者的意圖，比如製作的人想要解決怎樣的問題？又是用什麼樣的方式解決？像是在門口放置的骨董訂書機、計算機和連續日期印章等，有些甚至是明治或大正時代的產品，如今早已絕跡，收集這些百年前的骨董文具，觀察它們的構造和作用，就好像拜讀前人的智慧結品，非常有趣。

見微知著，文具王的鉅細靡遺

所謂的「實演販售」，是在賣場實際示範並解說文具、促進消費者對商品了解的活動，乍看之下不難，親身參與卻宛如戰場。「在面對一般消費者時，他們的意見非常直接，比如這支筆為什麼要這麼貴？所以廢話不可多說，必須以實例立即讓他們理解文具的優點。」文具王如是說。

在示範剪刀、筆等文具的用法時，都會用到紙，因此行李箱中有大量的紙張。固定的道具分別收在拉鍊袋中，甚至還有一整台重達1.4公斤的「直線美」膠台，理由是「商品單價較高，與其浪費地拆封店內的新品，不如自己帶。」（黑：超帥！）因為行李總是超重，所以在出差坐國內線前幾天，會先整理好宅配到活動現場。

彩色的紙張是示範MAX的桌上型訂書機「Vaimo 80」時使用的範本，與其拚命解說「訂起來很輕鬆唷！」不如讓現場觀眾實際從10張一路訂到80張，來得更容易了解，可以訂80張紙的訂書機究竟有多威猛。

KOKUYO的「Novita」60枚資料夾，可伸縮的背幅、平整不會翻起的封面，讓它能夠收納多達600張的A4紙張，為了讓大家立即理解600張A4到底是怎樣的概念？只要準備尚未裝入紙張的資料夾，和已經裝入600張紙的資料夾，一相比較之下，保證現場驚呼連連。

窺視文具王的文具術和手帳術

◎隨身用筆箱：KOKUYO Neo Critz 直立式筆袋

筆袋的內容經常更換，但愛用的uni Jetstream溜溜筆和Pilot Frixion魔擦筆算

隨身用（左）和製圖用（右）筆箱，分別有不同用處，打開後均可直立成為筆筒。

是固定班底。Jetstream4+1 溜溜筆使用 0.5 筆徑，就算忘了帶筆袋，只要上衣口袋裡放著這一支就能應付日常的書寫，是不可或缺的愛將。常用來寫筆記或手帳的筆記具包括 uni RT1 超級自動鋼珠筆（特別喜愛 0.38 的藍黑色）、uni Propus 視窗螢光記號筆、Frixion 的 4 色魔擦筆等，鋼筆則是 Pilot 的 Elabo、Sailor 的 Profit 長刀研、Pilot Heritage 92 透明鋼筆、Pilot 的 Kakuno 微笑鋼筆。鋼筆上墨大多是藍色或藍黑色，基本萬用又穩重，任何場合都適用。吳竹的「完美文筆」自來水毛筆，則是用來寫較正式的謝函或賀年卡。

◎製圖用筆箱：KOKUYO Neo Critz 直立式筆袋

包括在「文具王的文具店」（http://bunguoshop.com）購買商品時會附上的 4 頁「文具王的文具店研究報告」中的精美插圖，以及《究極的文房具目錄》裡出現的文具插圖，都是由這個筆箱產出的。用來打草稿的是 Staetler 的 Mars 780 工程筆以及 Zebra 的 Tect2way 自動鉛筆（B 筆芯）、Tokyu Hands 的贈品 KOKUYO「三角自動鉛筆 0.9mm」，墨線則用 Copic 的「Multiliner」代針筆。因為繪圖時的消耗量很大，加上大量直線繪製、筆壓較重的關係，筆尖容易磨損，所以選用可以換筆尖和筆芯的 Multiliner，根據文具王表示，像 0.05 這樣細緻的筆徑，光是畫一張插圖就要換三、四次筆尖。

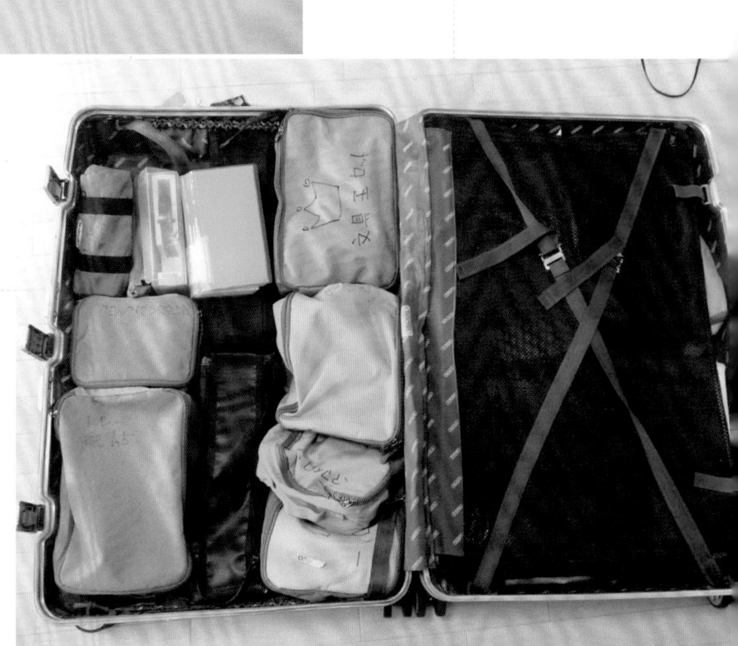

文具王的行李箱沒有雜亂物品，連直線美膠台都整齊收納。

由文具王設計的文具王手帳，兼具功能性及收納性。

◎特別收藏：Pilot Capless 鋼筆

因為喜歡 Capless 鋼筆的按壓即寫，從學生時代就開始收集 Capless，擁有不少目前已絕版的款式，也經常在跳蚤市場、二手店或網拍注意想要的舊款 Capless。據文具王表示，舊款 Capless 鋼筆的外型較為有稜有角，霧面黑等顏色設計也極為經典，雖然日常還是使用現行款式，但偶爾也會將絕版款上墨使用。在思考的時候、或是單純想要書寫的時候使用鋼筆，感覺會特別流暢。

◎手帳：Access Notebook+ 文具王手帳

寫手帳的時候，大多用 Frixion 魔擦筆，因為經常要修改，可以立即擦掉不留痕。筆記時參考明治大學教授齊藤孝提倡的「三色筆記法」，紅色代表最重要或緊急的待辦事項，藍色是實演販售等工作上的待辦事項，綠色是私人行程，黑色基本上不使用。原因是包括講義、資料等文件大多是黑色印刷，如果再使用黑色記述，反而造成視覺混淆有礙思考。

❶ Access Notebook：由文具王自己開發的筆記本，比 A5 稍寬的大小，可將 A4 對摺後直接貼入，因為有詳細的目錄及頁碼，查找非常方便的緣故，大多和工作有關的都記入在 Access Notebook 裡。每項工作以 2 頁為基礎，目次中紅色的部分是工作的進度以及實演販售的行程，藍色是宣傳、訪問等工作事項，綠色是與工作無關的私人行程細節。

針對細項繁雜的工作，即使是 e-mail 的內容，也會印出後貼在筆記上以便隨時確認。因為工作內容往往會來回溝通多次，光是查找 e-mail，很容易迷失在茫茫網海，找不到需要的那封信。或著是在無法上網開信箱看郵件的時候，如果有列印的版本反而會更有效率。不過，如果貼上太多資料，筆記本也會變得很厚，怎樣使用才是最佳的狀態，我自己也在不斷地嘗試和修正之中。

❷ 文具王手帳＋智慧型手機：同樣是由文具王開發的手帳，特殊的尺寸可以將聖經尺寸和 A4 四摺尺寸的紙張收納其中，封面為了方便作業採用魔鬼氈，只要在常用的 USB 隨身碟、手機背面也貼上魔鬼氈，就能瞬間合體、一起攜帶。目前細項行程大多

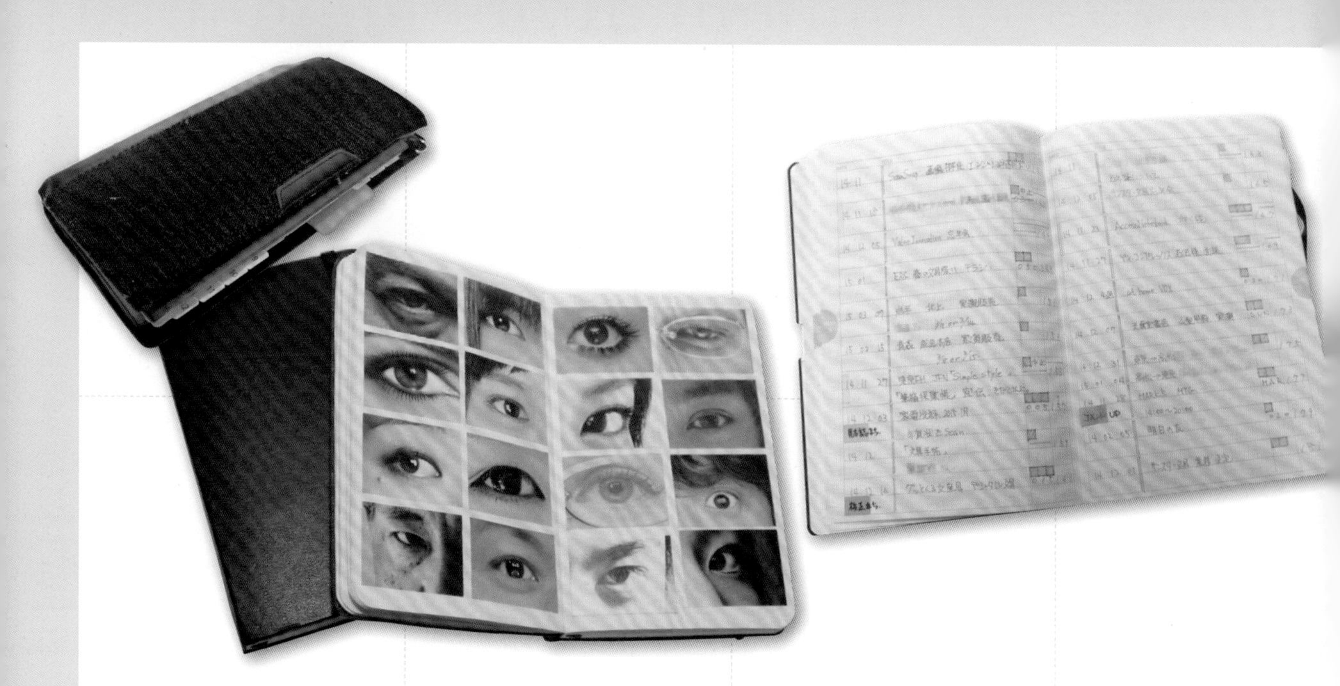

使用智慧型手機管理，使用的是「Staccal」行事曆app。Staccal可以和Google月曆同步，因此會先在電腦上編輯輸入後，和手機同步。

手帳和app的顏色分類也是使用三色法，實演販售以紅色框起、藍色是其他工作待辦事項，綠色是私人行程，看顏色所佔的面積就能知道大概佔用的時間，將行程視覺化，一目瞭然。手帳內頁只使用月記事和memo，將app的行程大概記錄，作為提醒之用。Memo則記錄接下來要寫的報導或著部落格文章的草稿、隨手筆記和讀書心得等等，別人的想法或名言使用藍色，自己的創意用綠色，也是同樣的道理。累積到一定程度後，會把有用的創意重抄一次，或裁下貼進Access Notebook中，方便日後檢索和查閱。

◎愉悅的剪貼圖庫：Moleskine

近兩年才開始的「圖像筆記」記錄法，在忙碌的工作之餘，把雜誌、報紙甚至是廣告傳單上的圖片作成拼貼式的「靈感筆記」。平時就會囤積有趣的素材，使用Moleskine筆記本和方形切割器，把含有類似元素的圖片貼在一起，比如顏色、或是部位等等，倒不一定是和工作有關，只是在貼的過程中會感覺很愉快、非常專注且集中，甚至連旅行中也會收集某一主題來貼。另一方面來說，除了是對自身表現力的訓練，也算是休閒的一種。

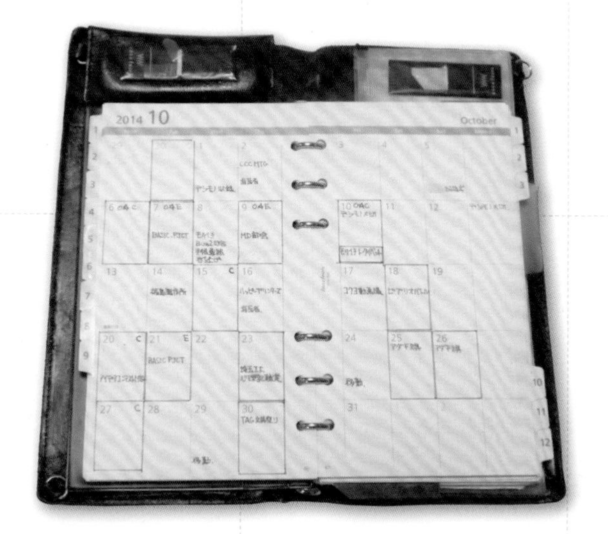

Cover Story

插畫家

筆下的
色彩人生

台灣插畫家 **VS. 日本**插畫家

創作是一條孤獨又漫長的路，
成就夢想的背後伴隨的是無限的熱情與堅持，
令人豔羨的插畫家，他們所擁有小小名氣絕對不是運氣，
在跌宕及磨人意志的挫折中，
不僅滋養了創作的養分，更堅毅了人生的目標。
歡迎進入台灣及日本插畫家的異想世界，
了解他們在夢想與現實的差距間，
如何激發創作的湧泉。

part 01

台灣插畫家篇

採訪・攝影 by 陳心怡
部分照片 by 插畫家們提供

受訪陣容

家人的愛，譜出**王春子**的美好人生。

上天賜禮，孩子，讓**薛慧瑩**轉彎。

神奇手帳，開啟**漢克**的美好生活之旅。

碎裂後的人生，**克里斯多**拼成美麗萬花筒。

在天平兩端拉鋸，成就**吉**的創作世界。

來自貓星球，**Hanu** 用甜美帶來希望。

信子邊玩邊畫，繪本可以好好玩。

「只想在家工作」**Vier** 的異想世界。

About 陳心怡

曾是政治新聞記者與編輯，但無法滿足嗜讀與撰文的飢渴，
所以決定離開舒適圈，只跟喜歡的人事物在一起，
用文字、用影像娓娓道來一個個小故事。

FB：女巫心怡的小書房
部落格：http://blog.udn.com/witchirene/article

王春子 小檔案

七年級，臺灣藝術大學視覺傳達系。
網站：王春子 chuentz.com
獨立出版品：
一個人遠足 be strong
風土痣（與沈岱樺合創）
欣賞的藝術家：廖建忠（春子的丈夫）

家人的愛，譜出王春子的美好人生。

上網 google「王春子」，跳出來的前面幾筆資料，從插畫家、作家到生活藝術家都有，根據不少報導描述，他們一家在八里山區，過著一邊創作一邊帶小孩的生活，在這人人都嚮往小確幸的年代裡，「王春子」幾乎成了都會裡某種主流所憧憬的美好生活代表。面對自己留予大眾這樣的印象，春子笑著說：「我們的生活真的很平凡。」

2014 年底，初次與她聯繫採訪，她們一家三口正在法國駐村兼旅遊。等春子回國後，我們敲好採訪時間，循著春子給的地址前往拜訪。「咦？怎不是傳聞中的八里？是在臺北市中心的台鐵宿舍？」我心頭納悶著。

當小確幸遇到大低潮，夥伴支持最重要

原來，這是台鐵為了鼓勵文創產業而釋出的老宿舍，用比一般市區便宜的價格出租給藝術家。怎奈，不到半年光景，台鐵傳出要開始都更，原本春子的丈夫廖建忠計劃除了純藝術的創作外，要開始設計傢俱品牌，並以此為市中心的工作室，但眼前計劃似乎增添了變數。

那天陰雨微寒，踏進春子一樓的住屋，她和最佳工作搭擋沈岱樺剛忙完，兩人正在嗑便當。春子與岱樺結緣於《鄉間小路》，後來兩人在 2012 年決定共同創辦《風土痣》，一個負責美術、一個負責文編，兩人希望能用不同的視野對台灣這塊土地多些觀察。但如果因此以為她倆是多麼以肩負使命為重的文青組合，那可就錯了，她們異口同聲說：「我們常打架，妳沒看到而已。」打從我一進門，兩個女生就不斷脣槍舌戰，岱樺先打槍春子：「妳可以跟柯 P 一起去上上禮儀課。」春子冷冷反嗆：「我會深夜檢討，但我真的看不出我有問題。」。

事實上，當春子決定在 2014 年秋天跟隨受邀駐村的丈夫一同前往巴黎時，她正面臨著前所未有的低潮。大學時就一邊念書一邊在《蘑菇》從事設計，直到後來自己出來接案創作，十多年過了，春子不是沒沮喪過，「以往休息調整一下就好，但這次有點懷疑自己是不是真的喜歡目前的工作，還是一切都只是誤打誤撞的結果？如果叫我轉行，我也不知道可以轉到哪？走到這程度，我才發現我會的工具就是這些，如果轉行，等於從零開始……」彈性疲乏的春子，就這樣帶著兒子跟著丈夫出國。

去巴黎這三個月，她唯一能做的就是浸泡在當地的藝術團體裡，不斷跟人分享討論，就算只是聆聽，也有收獲，「看他們對藝術的熱情，邊聽邊想自己的事情，我有種回到原點的感覺，原來我只想做自己喜歡的、而且是好作品，那這是什麼？答案自己都知道。」。

看在岱樺眼裡，春子的迷惘可一點也算不得什麼人生黑暗：「她其實像在爬山，卻突然遇上一陣迷霧，一下子不知道自己在哪裡，但事實上已經快攻頂了。」

上一刻還在鬥嘴的，這一刻兩人隨即展現相知相惜的情分。對春子來說，一路上，好朋友的鼓勵真的很重要。

藍領父母是春子的搖籃

在家排行老大的春子，還有弟弟和妹妹，從事水泥工的雙親，特別是媽媽，可以說是春子三姊弟的藝術啟蒙者。母親雖然只有高職畢業，卻熱衷藝文活動，常常帶他們去看展覽、看戲，也讓他們去學陶、學素描，唯獨升學補習沒有，比起課業，春子媽媽更希望他們自由快樂。

春子與爸爸媽媽。

春子小時候對藝術的夢想是做POP海報設計，「那真是孤陋寡聞啊，我不敢說自己未來要成為一名藝術家，覺得那樣的夢好高好遠，所以就拉回現實想想，跟美術有關的工作是什麼？超市有POP，國中又常佈置教室，所以就把這當以後的職業，後來才知道根本沒有這種工作。」春子雖然大辣辣調侃自己年少時的夢，但誰說這不是隱隱牽著她的人生方向踏入《蘑菇》做設計，打下了日後創作的重要基礎？

春子心愛的一家三口。

《蘑菇》的工作環境讓春子能以類似學徒的方式紮實地從基礎做起，從提案到完稿，案子形形色色，動畫、企業形象、刊物或品牌都有，即使春子年紀輕，也能有機會提出自己的創意，並落實成商品。不過時間一久，春子對於「究竟自己的產出在哪兒？」感到焦慮：「上班時，所有點子都是給公司，好像簽了賣身契，每每回頭看，很多時候你無法確認哪些是自己的作品，因為這是大家一起討論的結果。我在公司裡，一直看不到自己的完整性，看不到自己的風格與作品。」

另一方面，男友（現在的丈夫）早就出來接案工作，生活自由自在，全憑自己安排，彈性空間讓春子欣羨不已，於是下定決心離開《蘑菇》，展開她的接案創作生涯。

崇尚藝文的雙親，一點也不擔心春子的選擇。因為春子爸媽也很厲害，他們一家三口在2014年一起做了件事：媽媽寫文、爸爸繪圖、春子設計，最後再加上岱樺特約編輯，完成了《泥地字花》這本書；據說，明年春子媽媽將有第二本著作問世。媽媽年輕時的文藝夢，先在春子身上實現，女兒長大回頭協助自己創作，這家人的對藝文的熱愛，在一般勞動階層中應是屈指可數的異數。

原來，養貓養狗不等於養小孩……

工作原本只需考慮自己的時間與空間，有了兒子以後，全都得洗牌重來。當春子思考工作，兒子可能隨時打斷；當春子閱讀，兒子會跑過來硬塞一本書，要媽媽陪讀。隨著兒子出生、成長，春子有機會從這面鏡子回溯自己兒時，有熟悉的重疊，也有屬於兒子帶來的新世界。

雖然生子的確是在春子的人生計劃中，但令她意外的是：「有小孩的生活超乎我的想像，我養過貓狗，還以為差不多，結果才知道……差很多！」看到寶貝兒子的模樣，春子這才明白：養貓，出國可以託人照顧，但小孩不行；貓頑皮亂咬，頂多處罰一下就行，但小孩不乖，可不能任由他繼續。

不過，也因為有了孩子，在出版社一句「妳有小孩，要不要寫個繪本？」的邀約下，春子從美術設計跨界圖文創作領域，《媽媽在哪裡》就是兒子一歲時完成的作品；今年九月，將有第二部繪本誕生。這些繪本背後，是因為春子發現小孩天馬行空的邏輯會讓父母跟著改變，許多大人習以為常的事情，對兒子來說，都是珍貴的第一次，被門夾到手、刷牙、跌倒等，與兒子一同面對他的新鮮經驗時，春子也有機會回頭檢視並療癒自己曾有的過去。

兒子非但與貓狗截然不同，還帶來更多珍貴的體驗，那同為藝術家的老公，給了春子什麼樣的人生養分？我們原本擬了一個訪題是「哪位藝術家影響她最深？」春子說，這題目很難回答；採訪前，她跟丈夫聊到這個訪題：「我告訴他，我想跟記者說，你影響我最大！結果我老公一直說不要。」春子哈哈大笑，岱樺在旁聽了直起疙瘩。

從父母啟蒙的搖籃，再到丈夫的交流陪伴與兒子灌注的新養分，春子和家人間的緊密交流，不僅是人生最美好的風景，也是她源源不絕的創作動能。何止小確幸？這根本是氣勢磅礡的生命交響曲。

春子與好搭擋沈岱樺。

代表作品的故事

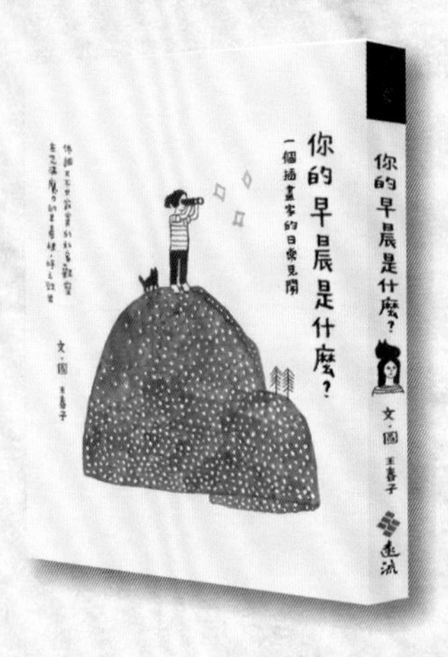

《你的早晨是什麼？一個插畫家的日常見聞》

（遠流出版）

這是春子從 2008 年自由接案後持續記錄到 2014 年的散文作品，每月一篇，主題都是日常生活。當她決定接案為生時，也不知道自己能撐多久，不知不覺中，不僅確定了接案創作形態，與丈夫從男女朋友變成夫妻，然後生小孩……這七年無異是春子人生變化的關鍵階段，就是這麼剛剛好，記錄了下來。當時的不確定到現在的穩定，春子明白這是她要的生活，沒有錯。

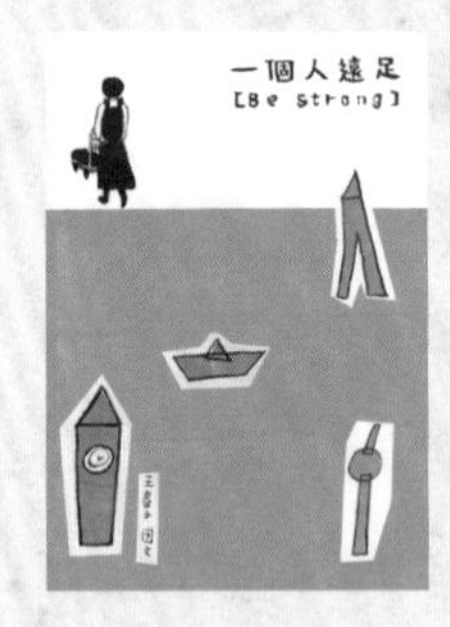

給想插畫創作的你

如果很確定想做插畫或者設計，
就好好去選擇每份工作，
因為工作環境對自己接下來要走的路，
影響很大；
已經是自由接案的人，
一開始會有很辛苦的時候，
但要撐下去，有時候撐得了一個月，
就可以撐得了一年，
只要撐過兩年，就會慢慢穩定。
如果你有衝動，就憑著衝動趕快做，
這是最重要的力量。

插畫家的平常一日

出場人物介紹：

Tarko 黑色公貓，2008年生

一家之母
插畫家本人

拉拉
毛色金黃的類拉不拉多
2013年過世

阿爸
擅長切水果、煮三餐、居家修繕……

研人

graphic
artist
in Tawain
02

薛慧瑩 小檔案

六年級，朝陽科技大學視覺傳達設計系。
Blog：下班後的畫畫課 http://mayhsueh.blogspot.tw
欣賞的藝術家：族繁不及備載
出版作品：《一個媽媽，兩個頭大！》（新手父母）
《4 腳 + 2 腿：Bravo 與我的 20 條散步路線》（文：Gayle Wang，薛慧瑩插畫，依揚想亮）
獨立出版：《日，常美好》、《我的 A to Z》、《當我擁抱一棵樹》、《看展的人》

上天賜禮，孩子，讓薛慧瑩轉彎。

如果有一棟平房坐落在一大片田間，視線所及再沒有其他屋舍，只有藍天和綠林，這樣的生活環境，聽來是否讓你欣羨不已？薛慧瑩就是在龍潭的某個角落與同樣從事插畫創作的丈夫徐銘宏、兩個兒子生活著。

因為他們的家地點幽僻，朋友要前往拜訪時，通常在龍潭下車後就得開始問路；採訪那天，我雖然沒有問路，但跳上計程車後，發現連當地運匠也找不到這個地址，索性下車自己用11路找，獨自在這條大路上來來回回兩趟，終於忍不住撥了電話。原來，他們這棟紅色的房子早就在我眼前……

辭職回家只為當媽媽，創作是意外

還沒走進屋內，就先被屋外四周種滿了的各式各樣盆栽給吸引住了，喜歡動手的慧瑩，這雙手不只畫畫種花、捏陶、版畫樣樣玩，當然身為一名「家庭主婦」，下廚、泡茶、乃至家政婦的工作，也少不了。「做菜喔，我每次下廚煮個幾天，小孩就求我別再煮了。」慧瑩很老實也幽默自嘲對於廚藝不是特別有興趣。

娘家在泰山，慧瑩婚後原本與丈夫住在新店，當時她仍在康軒文教集團工作。早在進康軒之前，她就在出版社從事兒童插畫，包括兒童雜誌、幼兒園讀本，進康軒以後繼續這樣的工作內容，穩定地上班下班。直到大兒子出生，平日托給母親帶，假日才把兒子接回，這讓慧瑩意識到：她很希望親自帶孩子，而丈夫也有同樣的想法。

「決定離開康軒，就只是因為想自己帶小孩，但我又怕失去一份穩定收入，所以卡很久，直到老大十個月，我才下定決心辭職回家，然後也想有點私房錢啊，就開始接點工作，一開始根本不是為了轉換跑道、也不是為了成為專職插畫家。」從兒童插畫慢慢轉向大眾風格，這轉變對她來說，純粹是為了教養孩子無心插柳的碩果。當婆家決定要在自己的土地上蓋屋時，慧瑩肚子裡也有了老二，他們一家四口便從臺北搬回龍潭定居。

這棟房子空間很大，光線明亮，一進門，盡是慧瑩兩寶貝的鞋子，還有室內沙坑隨時可玩。目前大兒子念小學、小兒子念幼稚園，兩個活潑好動的小男生在屋裡屋外跑來跑去，我採訪媽媽時，哥哥也想跟我分享他的畫作，弟弟比較害羞，低頭玩著自己的沙堆；屋內牆面貼滿兒子們的塗鴉，他們三不五時還可以玩起躲貓貓，真的可以躲到天荒地老讓當鬼的難以翻身。

二樓是慧瑩與銘宏的工作室，兩張超大桌面在中央並排著，他們既是夫妻也像同事、夥伴；的確，慧瑩幾本獨立出版品，《日，常美好》、《當我擁抱一棵樹》，都是她繪圖後，再請先生寫上短文，市場反映出奇好，「不少人跑來告訴我，很喜歡裡頭的文字……咦？不

慧瑩與兩個寶貝兒子

是說我的圖畫得好！不過我也覺得他寫得真好，原本六十分的圖，被他一寫，整本書變成八十分了。」這就是慧瑩讓人覺得可愛的地方，有點傻大姐、眼裡總是充滿美好。

你想過怎樣的生活？

「我覺得會選擇插畫當工作或者志業的人，一定從小就喜歡畫畫。」慧瑩小時候跟一般愛塗鴉的孩子沒什麼兩樣，在念復興美工之前，並沒有受過正規的美術教育；進了高中以後，是插畫課老師開啟了慧瑩的視野，「當時台灣沒什麼插畫家，後來才有幾米出現，老師影響我很大，我從那時開始喜歡上插畫。」當年台灣插畫出版品有限，只有早年的誠品書店進口國外繪本，慧瑩就常往那裡跑，慢慢存錢把昂貴的繪本買回家。

慧瑩知道自己喜歡的是插畫、而非純藝術，而插畫比較有設計概念，因此大學時她選念朝陽科技大學視覺傳達設計系，畢業後，先在設計公司待了一陣，接著就轉往出版社擔任美編，一直以插畫為業，直到現在。

一路下來，看似都在慧瑩的期待中行進著，但兒童插畫畫久了，仍不免覺得膩，因為風格要很可愛、顏色要飽和鮮豔，「我一直以為我不會畫這領域之外的東西，可是我又想要畫點什麼是自己想要的……」，內心翻攪一陣之後，她決定先用當時興起的部落格做為自己的創作展示空間，接著開始就有人邀請她開個展與合作接案，這對已經從事插畫工作多年的她來說，才慢慢有創作感覺浮現。

放棄康軒優渥的工作、回家接案帶小孩，家人怎麼看？「我媽我婆婆都很擔心啊，到現在還是！」慧瑩鬼祟偷笑說，長輩看他們夫妻倆要養兩個小孩，常常關心他們到底有沒有存錢？「但說真的，插畫這領域，能養活自己是差不多，如果真想賺錢，還是去做生意比較快，所以我的小孩都念公立，不是私立幼兒園。」

以接案維生，日子不免有時會陷入案源不穩的狀態，不過，慧瑩很清楚他們夫妻想要的生活是什麼，有一間能夠遮風避雨的房屋對他們來說，已經足夠，「我真的不太擔心經濟，也不是會想很多的人，即使有一絲絲不安，也是一閃就過，我算是有一技之長，也許不會賺大錢，但是不會餓肚子，現在要餓肚子也不容易，重點是該問問自己：你想過怎樣的生活？」。

小孩，打開了人生的窗

2012年對慧瑩來說，是創作生涯至為關鍵的一年。在插畫家古曉茵的邀約下，慧瑩和幾位插畫家朋友聯袂舉辦獨立出版品展，這次展出讓她有機會一腳跨入出版，「古曉茵是我的貴人，也因為有了第一本獨立出版品，讓我有機會被更多人看見，因而開啟我的創作空間。」

所謂獨立出版（zine），是指形式、數量完全不拘，影印、列印、送印都可以，這對第一次要以獨立發行繪本的慧瑩來說，究竟要印多少本？也讓她傷透腦筋，就怕多印了，賣不掉。「我先生說，多印有什麼關係，書放了也不會壞。我想想也有道理，就送印刷廠印了最小量的伍佰本。」。第一本《日，常美好》口碑很好，鼓舞了慧瑩接下來陸續完成《我的A to Z》、《當我擁抱一棵樹》、《看展的人》等多部創作。

插畫生涯長達十多年，多少會遇到瓶頸或低潮吧？慧瑩略略皺眉、神情困惑：「我實在不記得，就算有，我也忘了，沒有什麼事會讓我耿耿於懷，我想我可能會得老年癡呆，因為實在是太容易忘記事情了……」說完又是一陣大笑，她幽默地幫自己下了這樣的註腳。

回頭看當年離開公司的決定，她仍肯定那時的選擇，「如果我是職業婦女，可能會不快樂，因為我在公司容易因為一些小事生氣，現在雖然沒有穩定收入，但生活真的比以前好太多，小孩就像是上天給的禮物，為我開啟好多扇窗。」。

聊得差不多，當我準備離去時，看到兩個小男生從外頭進屋，雙腿沾滿了鬼針草。想起慧瑩在第一本由出版社發行的《一個媽媽，兩個頭大！》書裡寫著：「看似愜意的鄉居生活，其實是每天都由打不完的仗、畫不完的圖以及吼不完的小孩堆砌而成。」美好的生活，不正是由這些看似不太妙的每一刻在不知不覺中譜出了一曲動人旋律？

《4 腳＋2 腿 Bravo 與我的 20 條散步路線》一書封面插圖

樹林裡的媽媽廚房
（勤美樸真藝術基金會 2014 綠圈圈生活藝術季勤美術館養分活動）

dpi 設計流行創意雜誌第 184 期【跟著插畫家去旅行】單元—桃園龍潭的市場即景

代表作品的故事

慧瑩翻著《日，常美好》時說：「現在看，覺得畫得好醜！」但這是代表七年前的她，正在轉型。書的副標「一吸一呼間就是日常，一呼一吸時就是美好」是銘宏下的，慧瑩讚美丈夫的神來一筆，點出了日常美好的真諦。其中一篇〈孩子〉，慧瑩覺得是銘宏在暗示她：別對孩子大吼大叫，所以寫下「我吼叫他們就跟我吼叫，我溫柔他們就長成溫暖」這樣的句子。如果當面要她別對小孩大聲，她可能會生氣；但丈夫透過文字表達，慧瑩反而自省著：自己當起媽的角色，對孩子是該溫柔些。

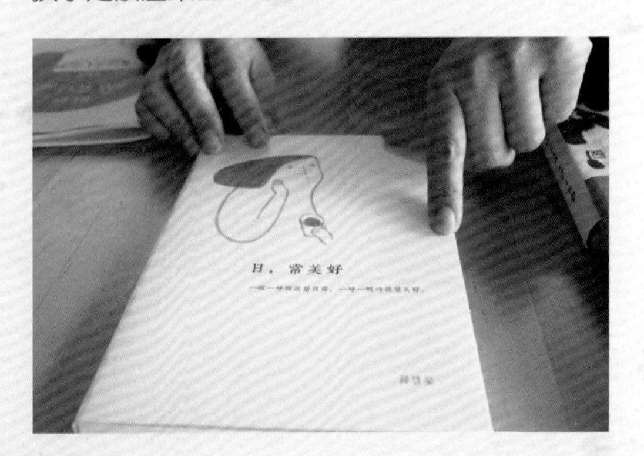

著作

給想插畫創作的你

如果你不是想走純藝術、而是希望走插畫創作，最好不要一畢業就接案，先出去工作，因為在公司裡，可以學到應對進退並累積人脈，更重要的是，插畫比較像設計，在公司裡的磨練有利於往後接案；不要急著一定要怎樣，你經歷過的事，一定都會成為日後的養分、灌溉你的生命。

《看展的人》內頁

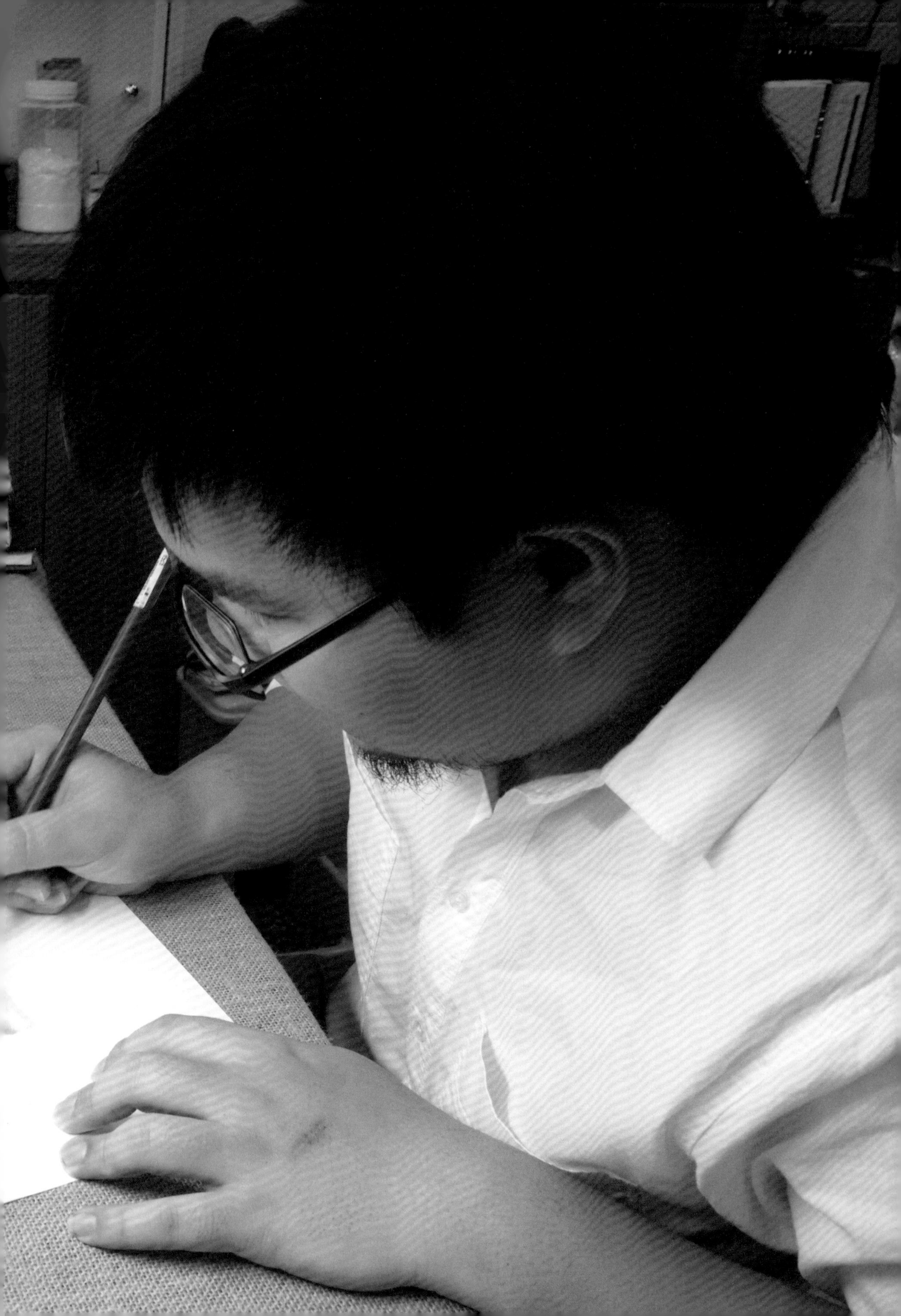

graphic artist in Tawain 03

漢克 小檔案

七年級，元智大學資訊傳播學系。
粉絲團：每一天的手帳日記 https://www.facebook.com/HanksDiary
部落格：Hank's Diary http://www.hanksdiary.tw/
使用媒材：水彩，色鉛筆，彩色筆
欣賞的藝術家：Fion 強雅貞

神奇手帳，開啟漢克的美好生活之旅。

如果講漢克，你可能模模糊糊；但如果提到臉書粉絲團「每一天的手帳日記！」，可就是名聲響亮的小確幸代表。這個粉絲頁開張也不過三年，人氣已飆破四十萬個按讚數。四十萬個讚有多厲害？堂堂影后舒淇也不過三十萬，人氣偶像晨翔、汪東城也只有二十五萬，由此可見「每一天的手帳日記！」的驚人之處了。被冠上手帳達人的漢克，究竟有什麼魅力可以異軍突起席捲超高人氣？透過這次專訪，我走進了漢克隱藏在東湖安靜一隅的工作室。

洗心革面的意外之旅

年紀還不到三十的漢克，臉上堆滿笑容，可以感覺個性爽朗的他是個很有朝氣的男孩；但即使他頗有型男之姿，卻非常抗拒露臉，他希望大家專注在他的創作上，而不是外形，所以粉絲團的屬性被他歸納在「書籍」，而非作家、公眾人物等以個人為號召的類別，能在粉絲團締造這樣的龐大人氣，完全出乎漢克的意料。

開始製作每日手帳日記之前，漢克跟一般的上班族沒兩樣。他在軟體公司上班，有不錯的薪資、福利，正常上下班，有固定休假，上班壓力大的時候，最大的消遣就是上網亂購物；下班回家後，最大的放鬆就是上網打電動，然後看看電視、洗澡、睡覺，日復一日穩定地活著。是，這種看似穩定活著樣態，卻讓漢克心底萌生一種不安：「我好糜爛，一整天時間就這樣過了、就這樣沒了，難道我未來二、三十年都要這樣過嗎？實在很可怕！」

2012 年出國一趟回來後，漢克決定來個洗心革面的宣誓。他為自己買了一本手帳當成生日禮物，以前不是沒買過這種東西，看到漂亮手帳總是禁不起色相誘惑，但入袋以後，「頭燒燒、尾冷冷」的習性馬上回來，手帳持續寫個一星期就很了不起，這次發狠用未來美好人生當成賭注，漢克用發票、名片來記錄每天的一件事，大事小事都可，無事也要想盡辦法滋生事端；用寫的、用畫的、用貼的，都行；下班回家太累，嫌水彩費事，那就彩色筆上陣……總之，一切以「不中斷」為最高原則。

每天下班後，漢克用手帳跟自己靜下心來對話，就這麼不知不覺持續寫了下去，也重新翻出了他一直未竟的夢想：畫畫。為了讓手帳能有更豐富活潑的記錄形式，漢克開始去報名成人水彩班上畫畫課，直到這一刻，漢克才算正式學畫。如今回頭看，也不過是三年前的事情而已。

重拾畫筆的恐懼

其實漢克小學時，曾去 YMCA 開設的兒童美術班上過短期課程，老師教他們用蓋手印的方式畫畫，透過遊戲帶來的啟蒙意義遠大於技巧教授，這在小漢克的腦海裡烙下了對美術的印象。

學畫也好，塗鴉也罷，這是每個人多少都經歷過的，但不知從何時開始、也不知道原因何在，總之，我們不再拿起畫筆作畫，一直對畫畫抱著夢想的漢克，也不例外。漢克的父母認為，小時候去上美術課是一種陶冶或者消遣，之後就得好好唸書才是正途，直到上了大學，漢克曾想選讀視覺傳達相關領域的科系，但家人依舊難以認同，「所以我折衷選擇傳播，傳播有點微妙，什麼都學，會一點畫畫、會一點攝影、也會寫點文字，雜七雜八都摸。」在這樣樣通、樣樣鬆的環境中，反而幫漢克日後的插畫創作奠定了豐厚的基礎。

長大後要重新拾起畫筆，不只需要決心，更需要勇氣，漢克的恐懼不亞於你我，他也曾覺得自己是手殘的人，很沒信心，就怕畫醜畫壞，但畫畫過程的內心感受確實是美好的。起初，他先自己拿起水彩摸索一番，用描摹方式抓到一些技法，但畫了兩、三個月以後發現有些瓶頸過不了，祇得求助老師了，一進到畫室後，瓶頸很快就穿過，然後就繼續畫下去。

即使到現在，漢克偶爾還是會擔心自己畫得不好，「尤其看到人家的作品，頓時就會喪失信心！」為了克服失敗機率，漢克通常會先畫一次草圖，然後再聚精會神重新畫一遍，這種近乎零失誤的工整完美作品，通常也是他喜歡的；不過漢克也會有一時興起的時候，在這種隨意心態下完成的作品，雖不精美，但有另一種味道。認真的漢克敦促自己的還不只如此，他會把他認為失敗的作品，徹底拿出來檢視：「我倒底哪裡不喜歡？」、「哪裡還可以調整？」、「水分太多？太少？」逐一筆記下來後，通常下一幅作品就會更好。

喜歡畫麵包甜點的漢克，麵包花圈這個看似不複雜的東西，曾讓他費了好大一翻功夫，來來回回始終抓不到他要的感覺，後來才發現麵包辮子離烤箱爐火最近的地方顏色最深，裡頭顏色淺，最後當他再用色鉛筆勾出現條，才大功告成。

美好的生活也是奇幻之旅

就在漢克手帳日記持續一段時間後，同是獨立創作者的幾個好友發起了一個小市集活動，讓大家把平時的創作轉換成為紙膠帶、明信片、貼紙等商品，結果反應熱烈，這次

經驗也開啟了漢克嘗試自製商品的動力，在粉絲團與部落格上的口碑漸漸傳出，喜歡的人愈來愈多，漢克於是認真思索：或許有機會可以創作形式展開新的人生里程。

跟漢克約訪這天是聖誕節前夕，他才剛把工作辭掉不到半年而已，讓自己稍微鬆口氣是為了2015年4月開始為期一年的日本打工度假之旅做準備。當時不贊成他走向藝術的雙親，知道漢克拋下正職不幹、還要跑去日本闖蕩，有什麼反應？「其實他們也不是真的反對我創作，只是不希望我過得不好。」

這幾個月在家工作接案，漢克非常愉快。他喜歡烘焙，不時地烘烤布朗尼和瑪德蓮蛋糕；他喜歡花藝，於是常逛花市，買些花回來插；沒有上班被限制住的時間，午餐就輕鬆下麵、燙個青菜吃。這一切，都在漢克期待的「美好生活」中進行著。

對漢克來說，美好的生活是「廚房裡有一壺水沸騰在叫，有點煙霧繚繞與香氣，客廳裡有音樂，我正在做點什麼事，有聲音有氣氛，那是一種感覺。」如果現實生活不一定有機會落實，漢克就用畫畫滿足想像；此外，他也特別喜歡「有生活感的」奇幻文學，時雨澤惠一的《奇諾之旅》是他在有天上班時很悶，一口氣上網把一整套買下來！「這是一個女生騎著摩托車在各國穿梭的故事，作者會描繪當地的風土民情與生活器具，即使風塵僕僕、被雨打濕了，只能到山洞裡過夜，但女主角仍不慌不忙地清理裝備和槍械，這也讓我對一種不同生活情境有所期待。」

這篇文章出刊後，漢克早已帶著內心的奇幻之夢，踏上大和民族的國度去探索美好生活，期待一年後再見到漢克時，他已經如願地幫自己印上「作家」頭銜的名片，分享這趟豐盈的奇幻藝術生活之旅。

代表作品的故事

仔細打底圖

漢克通常都會很細心先畫過一遍草圖，再正式打底圖、上色，這是為了避免出錯後挽救不及。

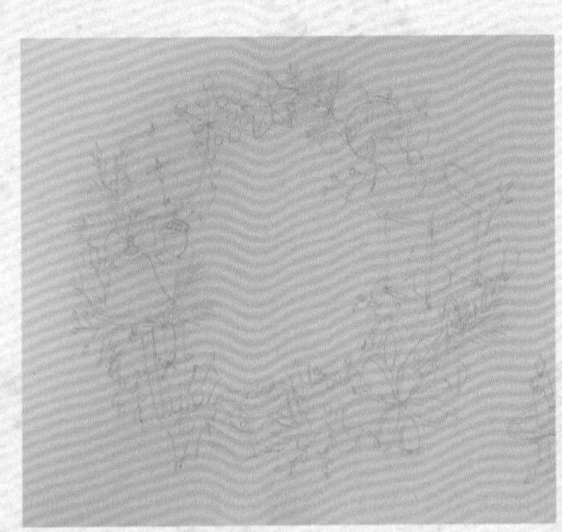

隨性創作

但漢克也有隨性的時候，當天他就馬上示範畫出一塊草莓蛋糕讓我們拍照，前後不到二十分鐘，很讓人流口水吧？

給想插畫創作的你

不要怕失敗，
畫壞再畫就好，
因為累積一定會進步，
把以前畫過的作品拿出來重畫，
都會進步，
我自己就是這樣。
如果真的決定以此為生的人，
更不要害怕學新東西，
像我以前攝影不是很強，
但我現在會想學好、認真去練，
想要讓作品有更好的呈現，
別無他法，
就是要不斷去學。

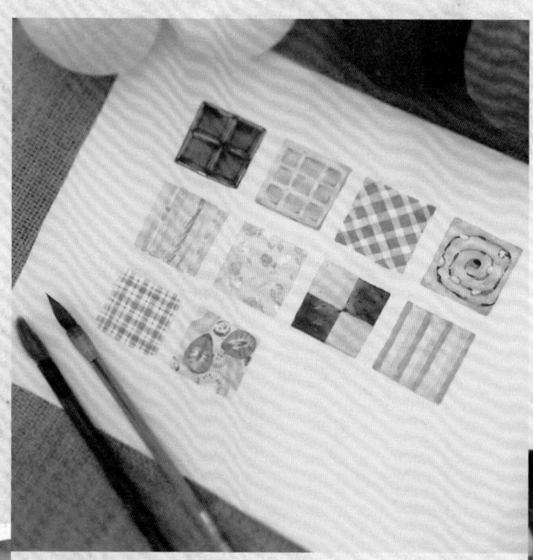

克里斯多 小檔案

七年級，東吳大學企管系。
粉絲團：克里斯多插畫森林 https://www.facebook.com/cycrystalhung
欣賞的藝術家：
夏卡爾，理由：喜歡他的虛虛實實風格，用色很漂亮。
幾米，理由：他是個創作能量很強大的人，孤單又寧靜，真實世界雖不完美，但可以用創作給人溫暖與快樂。

重要展覽、合作商品：
2014 香港酷狗寶貝 Gromit Unleashed HK 展覽
2014 台中文創園區，「微笑吧！夏天」青春插畫設計展
2014 心路基金會蛋捲禮盒設計
2014 金石堂聖誕節主設計

個人著作：
《水彩色鉛筆萬用魔法！ 3,4 筆畫出專屬你的童話故事。》

碎裂後的人生，克里斯多拼成美麗萬花筒。

走進輔仁大學周邊的巷弄裡，這片灰僕僕的建築物大都很老舊，而且多半是廠房，怎會有插畫家把工作室開在這？費了一番功夫才找到克里斯多的據點，當她出來迎接時……哇，一身淡紫色洋裝，袖子還有蕾絲花邊，甜姐兒模樣與這環境未免反差太大。

當然她的嬌小外形與畫作調性頗為一致，只是，一聽到她高中曾是儀隊時，又不禁讓我訝異地睜大眼睛。不是偏見，而是在這個身高158公分的年輕女孩的身上，同時迸出很多對比性強大的元素，一時讓人難以招架。

乖寶寶人生，從雲端摔落

「我跟一般人一樣，一路乖乖念書上來，想當長輩眼中的好小孩，深信把功課弄好就會有好工作，什麼是好工作？像是老師、律師、醫師……等『師』，有好工作就等於未來就有很好的環境與生活，只要乖乖走上去……」才一坐下，克里斯多就口條明快流暢地開始說起自己的過去。

謙稱自己有小聰明，因此求學一路順遂，她的「好小孩」信念的確都落實，從景美女中到東吳企管，都在期待中成長。個子這麼嬌小，怎會想參加儀隊？「看到國慶日北一女的儀隊耍槍覺得很神氣，景美樂儀旗隊也很風雲，我雖然不夠高，但儀隊沒有身高限制啊！」就這樣，在父母也贊成的情況下，克里斯多加入了儀隊。校隊訓練相當辛苦，除了體力上的考驗，兼顧課業也是挑戰，但在好勝心的驅使下，她都做到了。

克里斯多大學生活依舊延續著過往十二年的節奏，直到大三，開始要思索大學畢業後的出路，是要念研究所？踏入社會工作？還是出國深造？「大部分的人都選擇考研究所，我又默默從眾了。」克里斯多和另外三名好友為了彼此打氣，於是共組讀書會，四人同進同出、一起吃飯念書運動、花錢補習，目標鎖定財金研究所。

2008年，顛覆金融市場的海嘯吞噬了全球，與外在環境節奏呼應的克里斯多，她的人生海嘯就在研究所幾乎全數落榜後爆發。

「我是個盲從的小孩，講好聽是乖，其實根本不敢想自己要什麼。準備研究所時，我對數字沒感覺，真的很痛苦，但放榜後，其他三人都考得比我好，明明一起準備，我還是覺得很挫敗，怎麼考得這麼差？」當年，補習班老師不斷對學生洗腦，強調「如果連研究所都考不

好，人生就沒有什麼事情可以做得好」，偏偏克里斯多把這話給聽了進去，因此覺得人生徹底毀了，她不知道接下來該走往何方？

2014 台中文創園區「微笑吧！夏天」青春插畫設計展

不惜一切，只為找回最初的渴望

克里斯多與其他插畫家最不一樣的地方是，她從小並不特別愛塗鴉，但非常喜歡美麗的東西，舉凡包裝精美的餅乾糖果外盒、室內設計都愛，去書店會窩在設計裝潢相關書區滿足想像。這種內心直覺一直伴隨克里斯多，直到她在考試失利後去了趟日本，才發現：世界並不像補習班老師「恐嚇」的那樣。

「日本很多職人都把工作做得很好，不用穿西裝、不按計算機，當時為了考研究所，我把世界限縮得很小，去了日本之後才知道世界好大。」我們熟悉的日本總是力求精美，衣食住行樣樣如此，哪怕連一片落葉，都是「設計好的隨意」，這絕非考試得來的成果，而是不斷不斷地手作，職人精神觸動了克里斯多埋在心中多年的種子，人生的低點正好是種子萌芽前的寒霜。

沒有藝術設計相關基礎，克里斯多要從企管跨入這領域，一開始真像腦力激盪遊戲。「我喜歡美麗的包裝，那應該去當包裝設計師吧？」她興沖沖地發揮過往十多年認真向學精神，卯起來上網到各大學網站查課程，結果大失所望，根本沒有這種課可上；她是後來在網路上發現包裝設計與印刷很有關聯，於是主動向一位大學時期在印刷相關產業服務的老師請教。請益後，她覺得印刷廠就是她該去的地方。

可是內心掙扎又來了。「印刷廠？聽起來髒髒油油，同學都是光鮮亮麗的外商，我卻怎麼有種亂來的感覺？人家說要好好找工作，不然會影響轉職，但我怎麼好像在亂找？」經過一番自我批判，她還是決定先從印刷廠行政助理做起，除了份內工作之外，一有空她就跟在設計同事與師傅身邊邊做邊看，倒真的奠定了一些基礎。但印刷畢竟與她想要的設計還是有距離，所以她離開了這份工作，此後大約半年，克里斯多每天瘋狂上網丟履歷，然後出門上學去。

上學？原來當時金融海嘯帶來蕭條，政府開設許多免費課程，克里斯多乾脆把時間排滿，從3D動畫、室內設計、網站網頁架置、甚至新娘彩妝祕書都去學，「只要是我有興趣的課，我都去。」她還瘋狂參加各種比賽，除了希望對軟體操作更熟悉，也希望賺點獎金。從不讓父母擔心的克里斯多，如今不出門工作，若非坐在電腦前、就是出門上課，克里斯多到底在幹嘛？爸媽忍不住憂心了起來。

有了一招半式的技術，她開始嘗試接案設計，倒也做得還不錯，可是心中總有個問號：「我覺得自己像是機器，別人要什麼我就要生產什麼，感覺自己沒有靈魂。」

有天，她在書店閒晃，瞥到了一本教人用水彩色鉛筆繪畫的翻譯書。連水彩色鉛筆是什麼都不知道的克里斯多，被清新畫風給吸引，她把這本書買回家想試試，但又怕自己三分鐘熱度，所以還不敢貿然投資水彩色鉛筆，先跟朋友借來玩，這一玩，克里斯多抓到了手繪的迷人之處，跟電繪截然不同。「這回，我真的很想畫！」克里斯多想到上動畫課時，曾有一名老師鼓勵大家要把作品拿出來分享，畫完就收進抽屜是沒有意義的。於是，她開始把畫作放到臉書上，接著成立粉絲團。

蛻變後的美麗新世界

2008年考研究所失利，2010年開始插畫創作，到了2014年，「克里斯多插畫森林」粉絲團已經突破二十萬，真正手繪創作不過四年，而且還是半路出家的素人，如今克里斯多的名聲不止在台灣插畫界響亮，這片森林還延展到了海外。2014年，香港舉辦一場公共藝術展，邀請世界六十名藝術家一同為英國動畫「酷狗寶貝」畫設計圖，然後做成大型公仔，克里斯多與幾米是台灣獲邀的畫家。一聽到自己的作品將與心中的偶像同台展出，她的心情亢奮不已！

採訪克里斯多時，她與金石堂合作的聖誕季正在展出，金石堂邀請她擔任聖誕總設計，並另闢專區擺放她所設計的商品。不論是香港的公仔或者金石堂的聖誕季，都是克里斯多喜歡的多元呈現方式，她還曾做出娃娃、抱枕、傢俱擺飾等，一個小小空間宛若她的瑰麗世界。

也許現在回頭看大學畢業的遭遇，算不上什麼大災難，但對當時的克里斯多來說，就像海裡撈針，不知道何時會找到的那種茫然恐懼，的確很容易把人給吞噬；然而，從她的畫作中，不管是小木馬、小紅帽、美人魚或是大野狼，角色與用色都是如此繽紛童真，那些考驗早在不知不覺間化為養分。當她重新追尋「美麗的事物」時，這樣的美麗，更顯動人，一如她的名字「克里斯多Crystal」，是亮閃閃的水晶。

克里斯多眾多的周邊商品

代表作品的故事

幸福

這是克里斯多創作的第七幅畫作，非常早期的作品。

「世界一直不停地轉動，持續地做一件事，也是一種單純的幸福。」她深信走在創作路上是件快樂的事，就像走在薰衣草森林裡玩耍，看到小木馬與小木車，不斷轉動，不斷前進。

萬花筒世界

這是 2013 年年中畫的作品，距離人生海嘯過後五年，克里斯多終於能夠回頭面對那場災難給她的意義。「感覺是心碎成滿地碎片，但你如果不推開門，怎會知道這些碎片早就像萬花筒、像水晶閃耀你的生命？」

給想插畫創作的你

不要想太多，
就是直接畫、一直畫、努力累積作品，
創作是探索自己的過程，
你得不斷創作，才能更深入自己。
每次人家都會問我怎樣才會畫得好？
他們都會擔心自己畫得很醜，
但我想強調的是，
技巧不是最重要的事，
重點在你想講什麼故事；
我深信每個人都會成為自己想要的樣子，
你想要到那，一定可以走到，
就是信念，就是你創作的動力。

2014 金石堂聖誕展。

吉 小檔案

七年級，中山大學劇場藝術學系，台藝大工藝設計研究所在學中。
粉絲團：吉。https://www.facebook.com/LinChiaNing.J?f
欣賞的藝術家：克林姆與馬格利特
出版品：《歐風復古手刻章：印染節日氛圍的膠版章雜貨》

在天平兩端拉鋸，成就吉的創作世界。

吉，是個氣質偏中性、頗內向的女孩，講起話來有種理性冷靜的距離感。

她的小小工作室藏在朋友咖啡店的一隅，目前主要的創作是刻章，原以為刻章的工作室會充滿各種工具與碎屑，但吉的桌面雖擺放不少工具與零件，卻一塵不染，收納也井然有序；最吸睛的是，櫃子上擺滿了各種眼球造型的玩具、人體器官圖鑒、猛獸鑰匙圈，回頭一看，還有她心愛的寵物：小蛇Hana（球蟒）。

雖然這些收藏不至於讓人打寒顫，但吉的腦子似乎充滿許多微妙的、古怪的思維，更加讓人好奇。

自我vs.外在；創作vs.市場

「妳不覺得蛇很可愛嗎？我很喜歡人體器官、眼球、工程車……，我對可愛的定義跟別人可能不太一樣，比方我養蛇，很多人都覺得很可怕，我的雙胞胎姊姊也無法理解可愛在哪？」吉一邊把她的寵物抓出來跟我打招呼，一邊娓娓道來她的喜好。她說，在2013年出版《歐風復古手刻章：印染節日氛圍的膠版章雜貨》時，就曾被主編再三叮嚀：教讀者刻章的內容別太古怪，以免把讀者嚇到。

吉也曾嘗試將自己的獨特偏好展現在商品設計中，不過她很清楚，以紙膠帶、明信片這類商品來說，女性是消費主力，比起甜美畫風，過於陽剛或怪異的設計，並不利於銷售。她和幾位插畫家合作，利用網路平台銷售，由於其他夥伴風格都屬明亮輕快，同一時間推出，她的產品就是賣得比較慢。市場與創作，究竟該怎麼取捨？吉坦言這曾讓她很困惑：「最深刻的挫敗感是風格，我的作品風格很明顯，有不少鼓勵聲音，但是推出以後，就會感覺到市場的落差，這時我才知道自己的東西是小眾。」

最低潮的時候，她曾懷疑這條路是否該繼續走？要不要乾脆去找一份穩定的工作？是朋友們與粉絲不斷鼓勵她要把眼光放大放遠，「台灣市場目前偏好小確幸與清淡風格，我的方向也許不那麼能夠融入，但也有粉絲一路都在支持著我。」粉絲常常在買回吉的作品後拍照分享，也幾乎不再轉賣出去。得知作品被珍藏著，是吉繼續創作的重要後盾。

聽著吉娓娓道來「創作與現實」或「自我與外在」的拉鋸，她沒有回避這些艱難，而是誠實以對；更難得的是，由於她清楚自己的方向，當得知我們以「插畫家的故事」為名提出邀訪時，她曾一度考慮是否該接受？「一開始不太好意思，因為我做的東西比較廣泛，主要是刻印章，畫畫對我來說比較像是工具或材料，所以如果被稱為插畫家，我覺得心虛。」聽到吉對自己的定位採用嚴格高標時，我們覺得光是這份堅持就值得和大家分享，於是不斷和她溝通，她也終於同意

吉的小寵物「Hana」。

以創作者的角度來分享創作生命。

孤單，是生命的湯底

吉從小就愛畫畫、喜歡動手創作，高中畢業時不知道有工藝設計系，以為戲劇跟想要的藝術創作很接近，於是去念了中山大學劇場藝術系，主修舞台與服裝設計；大學跟過幾次戲以後，吉發現自己的個性負荷不了劇團一大群人的聲音，往往意見有落差時，會讓她很挫敗，從那時起，她就決定與其痛苦地跟一群人花時間來回溝通，不如往一人接案的方向走。

不過，即使跟戲經驗不好受，但刻印章卻是在大學時的意外收獲，吉也沒想到原來只是刻橡皮擦的好玩事情，竟然成了日後的主要創作形式。後來發現橡皮擦保存度低，於是轉向橡膠版。「我想要再挑戰，想越做越好。」吉有種特質，很容易泡在自己喜歡的世界裡，不太在乎別人怎麼看。

三歲時，母親因病過世，吉對母親的印象全無，即使父親後來再續弦、一家人相處也融洽，但「母親」這角色在她的生命中就是少了一塊，「我對媽媽的印象是遺照，從衣櫃翻出來時，遺照被蟲蛀掉，最後一點印象也沒了，孤單的感覺應該來自從小沒有媽媽。」

當身兼母職的大姐離家讀書以後，與吉相互依偎的是她雙胞胎的姊姊。從小，她們兩人感情就很好，從醫的父親忙於工作照顧一家，她們倆人就自己乖乖在家吃飯、玩耍、唸書，有時候兩人會一起感覺心頭慌慌亂亂，「那一晚我爸從診所回來時，一定會罵人！」醫生爸爸對小孩管教嚴格、期待甚深，從小會打罵她們；後來雙胞胎姊姊升高中時，偷跑去報考美術班，被父親痛罵，因為「搞藝術不是正途」，這讓同樣愛畫畫的吉沒敢冒然衝出去，於是乖乖念一般高中、國立大學；直到現在從事藝術創作，父親再也沒多說什麼，低標是能養活自己就好。

即使有感情甚篤的雙胞胎姊姊一路相伴，但吉的生命基調仍是孤單，「面對外界，我總覺得好像隔了一層膜，可能是我封閉自己，把跟人的距離拉得很開。」

與偶像三毛神遊，孤單有了寄託

對生母沒有直接印象，但她遺留下來整套已故作家三毛的作品，卻意外餵養吉的心靈，而且是至今影響她最深遠的作家。吉與三毛，年紀相差超過四十歲，當三毛自殺離世時，吉也才五歲大，怎會愛上三毛？

「她的個性與精神跟一般人很不同，她非

古怪的收藏。

常忠於自己，也許自殺對她來說是個解脫，我從她直白、沒有華麗詞藻的文風，可以很清楚感受到她內縮的痛苦，但也因為這樣，看了會覺得揪心，我有被抓到。」除了醉心於三毛文字，吉也喜歡詩人瘂弦、夏宇與已故作家朱西甯的作品。這些文字陪伴吉度過年少的孤單歲月，時至今日，她雖然往藝術之路發展，但仍常透過閱讀來幫自己找到一個喘息的出口。

除了大量閱讀，吉還有個特殊癖好。她不熱衷逛街，卻喜歡閒逛五金店、材料社、釣具店，從這些店裡東翻西找的，往往會有物件可以讓她可以帶回家創作，她的腦子無時無刻想著：「這些小東西可以拿來幹嘛？」所以，連姊姊的準備淘汰的衣物，都得先被她的巧手大卸八塊撿回可再利用的零件後，才能放入資源回收筒。

三毛在撒哈拉的生活幾乎是化腐朽為神奇，她和丈夫荷西把棺材、破輪胎、奇怪的石頭石像、羊皮鼓、水菸壺等東西搬回家整弄一番後，住家變成了一間藝術宮殿。與其說吉熱愛三毛的文字，毋寧是三毛生活中展現的藝術狂放才是吉真正被攫住的原因；因此，吉走訪都會生活中的大街小巷，也試圖挖掘出類似撒哈拉的驚喜。

她常做安靜無聲的夢，是孤單感的極致表現，她會把重複出現的夢境畫下來，「這才是真正的創作，完全是我孤單的寫照」。雖然她計劃把夢境系列當成碩士畢業製作展出，但因為赤裸表達內心，因而又萌生一股怕被看透的抗拒；覺察到自己內心的兩股力量在拉鋸，她也不急著找到平衡解決或選擇往一方走去，因為她說：「這比較像是我真正的個性。」也許在兩極端間的擺盪，才是她創作的根本動力。

代表作品的故事

about graphic artist

這次吉和讀者分享的不是公開的商品，而是她的夢境畫作系列作品。她希望透過畢業製作展出自己的內心世界，可以與觀者有共鳴；但畢竟她念的是工藝所，講求設計與實際，老師不斷叮嚀她：「如果只是創作者的嘔吐物，是無法與外界溝通的。」這番話，吉仍在咀嚼中。

夢境一

畫裡只有一個方向可走，而且牆一直靠過來，縫越來越小越小……。這是當年吉準備考研究所時，因老爸丟了一句話：「沒考上，妳就知道。」結果成了吉的夢魘，她常半夜被嚇醒。

夢境二

每個泡泡都是一個念頭，當吉想要創作時，就去拿一個球來，然後就會知道自己要幹嘛。有一段時間她在思索商品時，特別會做這樣的夢，但夢境並沒有特別情緒。

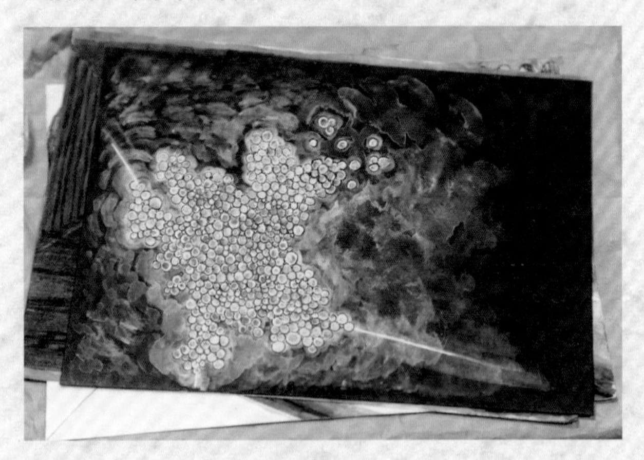

夢境三

白色是光線，吉在找她要往哪走。她想走的路，對很多人來說，可能不是穩定好走的路，另一條是很順的路，就是進公司去上班。剛從研究所休學時，吉不斷思考自己要做什麼，是要去公司上班？或者完全做自己的案子與創作？夢醒了，吉不再猶豫，繼續做原來的自己。

著作

《歐風復古手刻章：印染節日氛圍的膠版章雜貨》
野人文化出版。

給想插畫創作的你

不要做連自己都覺得受不了的東西，
你的創作，你自己喜不喜歡？
是不是參考別人？是不是雷同？
其實大家都看得出來。
別欺騙自己，這一點很重要。
因為我看到很多人；
講出來的話或者表現出來的態度，
都是說這是自己的創作，
但其實不是，作品自己會說話。
創作世界很大很廣，沒有任何規則，
唯一規則與標準都是自己給的，
看你期許自己要到達什麼程度。

來自貓星球，Hanu 用甜美帶來希望。

在台中綠光計劃文創園區遇上，她拖著行李箱從臺北南下準備佈展，文如其人，說話輕柔且慢，讓人忍不住懷疑：她真的不太像是地球人，彷彿是從哪個星球不小心闖入的……

紙與畫畫的年少歲月

從小就喜歡畫畫的Hanu，國小六年都擔任學藝股長，在小學鋼琴老師的偶然邀約下，Hanu和老師的兒子一同準備美術班的甄選，很順利地考上了明星國中的美術班，她也期待天天畫畫的日子；怎奈入學之後，迎接Hanu的卻是三年同時跟課業與術科奮鬥的國中歲月。

原來，來美術班的不見得未來要走美術之路，純粹是因為美術班資源較好，家長想讓小孩念資優班，學校也以升學為導向，因此往上再繼續念美術或是走藝術之路的學生寥寥無幾，多數都往明星高中升學去。

但現狀並未讓Hanu對畫畫有絲毫懷疑，「我一直都很確定是要走這條路，畫畫會讓我忘記時間，即使外在環境不利於我。」每當老師帶全班出去寫生時，便是她最快樂的時光，這麼熱愛畫畫，也許是有幾分是來自遺傳。Hanu的叔公也是畫家，父親雖然念理科，但很喜歡攝影，大學時還成立美術社，海報、平面設計、手繪樣樣都來，因此當全家人看到小Hanu也愛畫畫時，長輩們自然全力支持。

但是面對Hanu的成績，父母親仍忍不住感嘆。不過，雙親仍選擇接受上天給的功課，繼續支持愛畫畫的她往藝術發展。回想起當年爸媽無條件的支持，Hanu知道那是愛，也是支持她日後看待世界的溫暖後盾。

提及這段往事時，Hanu有些顧忌，因她不願讓人以為她在批判老師與國中的環境：「我也可以直視黑暗，將創作用批判回應，如果一直停在原地抱怨與批判發洩，什麼都無法改變。」

確立人生的方向

進了附中以後，自由的校風讓她可以全心投入畫畫，那時電腦繪圖正興起，同學們都還在畫畫時，她已經和朋友摸索架網站、設計、電繪等新鮮事，這些與科技結合之下的無限可能非常吸引Hanu，也讓一路走在傳統美術教育上的她，開始有了不一樣的思考。

「如果繼續走學院，我完全可以想見未來要做什麼事、過什麼生活，國高中等於都在預備，老師們也是傳統美術系出身，但這種平穩真的是我想要的嗎？我真想成為傳統畫家、藝術家嗎？」

Hanu花了三年不斷自問，最後決定選念實踐大學媒體傳達設計學系，但做出這個決定後，最大的反對聲音卻是來自一路支持她畫畫的父母。

大學念中文系、後來當老師的母親希望Hanu去念臺北藝術大學或者台灣藝術大學，未來可以朝教職邁進；

Hanu 小檔案

七年級，實踐大學媒體傳達設計學系，銘傳大學設計創作研究所。
粉絲團：貓星通信 http://www.facebook.com/atelier.hanu
主要使用媒材：水彩
欣賞的藝術家：畫家 James Jean，插畫家「貓，果然如是」。

因為做設計很辛苦，還要出去外面工作闖蕩，「他們不忍心我受苦，一直到前兩年，媽媽還在念這件事。」

研究所繼續設計創作，**Hanu** 用碩士論文呈現插畫實驗的極致：在電腦軟體中運用複合媒材把白雪公主與愛麗絲夢夢遊仙境兩則童話連結起來，進一步探討人性與原罪。畢業後，**Hanu** 去設計公司上班，她並不因電腦繪圖普及大幅降低插畫或設計門檻，而認為自己的厚實美術底子是「大材小用」。

「我的選擇是對的，因為跳出既有框架後，我更能看楚一些思考模式，我相信手繪和數位可以有更好的結合，甚至會匯流到同一個本質，說到底就是表現方式不同而已。」只是在工作過程當中，太多創意發揮卻不見落實為成果讓 **Hanu** 相當失望，眼見成就感漸漸失去，**Hanu** 決定離開公司，自己出來闖一闖。

甜美風格的背後

與 **Hanu** 在約在台中佈展時碰面，她展出的都是狗與貓可愛討喜的作品。若單就作品與她個人外形來看，甜美風格一致；但是，求學時的她，經歷不快樂的年歲；工作後的她，也經歷過某些挫敗，為什麼她會畫出如此天真的動物？

「我看過宣洩黑暗的創作，也走過直接把黑暗表現在作品的階段，當時會用創作反映茫然與苦悶，但是年歲漸長，看多了就很想跳脫，希望給點甜美的希望。」

對 **Hanu** 來說，真實心靈其實不會是漂亮完整的，但直接袒露內心黑暗，是一種批判，也可能因此造成壓力而阻絕了更多溝通的可能性；因此面對內心的創傷與糾結，她希望自己吐出的作品都是經過轉換化為力量，而非赤裸宣洩，她深信這才會讓人願意走進她的創作世界。

三十歲那年，她離開公司、自己創業，**Hanu** 看似有股不食人間煙火的氣質，但她對於經營品牌、開發商品，乃至上網行銷、控管預算物流，都樂此不疲。當父母再度面對

看似溫柔卻又不按排理出牌的女兒又做了這項決定時，並沒多說什麼，他們的最低限度就是**Hanu**得照顧好自己。

Hanu希望能夠不斷嘗試各種好玩的事情，追求多元化的可能，貫穿所有作品的一致主軸就是甜美愉悅，「舒服、不沉重」是她很堅持的方向。「常常接受被批評可以刺激自己思考，永遠都要更努力、一直學習，更重要的是——學習活在當下。」

地球人一時半刻或許聽不懂來自貓星球的聲音，但**Hanu**仍沒放棄透過創作，繼續溝通。

代表作品的故事

動物的靈性

人往往容易用刻板印象給動物一個符號，例如，豬就是好吃，狗很忠實，貓是任性，兔子可愛……在 Hanu 眼中，穿透這些表面的可愛、討厭、喜惡、戲謔，直達動物靈性層面，牠們跟人是一樣的。「我一直很超脫在這世界之外，希望可以畫出動物的敏感和心靈」，Hanu 也因為抓住了動物的眼神後，更確知自己的風格。

給想插畫創作的你

很多創作都從生活來，
如果只上網找圖片，就太沒意思了，
所以你要去感受生活中的每一個小地方，
再把它畫出來才有意義，
所以大家可以從記錄生活開始，
寫下來、拍下來，甚至素描，
實際體驗生活，包括親手烤麵包、
煮大利麵，才能體會，不要為畫而畫，
你要思考畫出來背後的東西是什麼，
那比畫出來更重要。

信子 小檔案

七年級，復興商工。

粉絲團：信子 https://www.facebook.com/Yesbuko
使用媒材：水彩、廣告顏料
欣賞的藝術家：安徒生、草間彌生、劉旭恭
出版品暨獲獎記錄：
《奇怪阿嬤》繪本系列集
《小兔子的奇怪阿嬤》
《奇怪阿嬤的奇怪馬戲團》
並於新加坡、馬來西亞發行。榮獲 2013「好書大家讀」年度最佳少年兒童讀物獎，張啟華生命繪本獎佳作。

信子邊玩邊畫，繪本可以好好玩。

第一次看到信子的獨立出版品是在一家小咖啡店裡，信手翻開《迷宮小小書》時，令人驚喜，這不是書，而是很像小時候玩的一種遊戲：自己在紙上畫出一個簡單的迷宮，捲起來，想走迷宮的人，一路選擇要往哪走，紙再順著慢慢攤開。會走到哪？遇到什麼？全都憑自己當時畫迷宮時的想像。這個遊戲藏在記憶中，已經很遙遠了，卻意外在信子的出版品中重溫舊夢。當然，他的畫、他的設計，更加精美有趣。

繪本可以不只是讀本

與信子約好採訪的那天，正值聖誕節前的週末午後，外頭雖然冷颼颼地，但新北市政府一帶卻擠滿了人潮，穿過宛如紐約時代廣場縮小版的鬧區，隔了一條街，瞬間安靜，信子的工作室就隱藏在幽僻的老巷弄裡。

打開門衝出來迎接的不是信子，是他的愛貓 Hello，Hello 熟稔地引領客人到訪。走進客廳，眼前所見信子的桌面與牆面正是《迷宮小小書》的放大版，原來，他正在如火如荼地創作超大本迷宮書，順利的話，當這篇報導與讀者見面時，信子的迷宮大書也已問世。

這麼好運氣，一下子就可以有如此大篇幅的創作？信子一路可也是跌跌撞撞過來。原本從事平面設計，收入也不錯，但從小就對圖文書與漫畫書有濃厚興趣的信子，一直不能滿足於商業設計內容，再加上很多產品也不是自己有興趣的東西（例如3C商品），設計完成、領稿費、繼續接案設計、繼續領錢……看起來好像也是用腦的創意工作，事實上已經不能滿足信子極度渴望創作的內心。

在偶然的機緣下，信子去參加知名繪本作家劉旭恭的繪本課，與小時候想當圖文作家的夢想終於搭上線。不過信子不是被動等待出版社邀約，要求完美的他，是把圖文作品完成後投稿出版社，因有著豐富商業設計經驗，他也把書的企劃案寫好，包括讀者在哪、這本書的特色是什麼、可挑選什麼樣的紙質……等都清清楚楚寫了出來，連書腰、廣告也都做好，這個自動送上門的作家，根本是跳樓大拍賣，買五百送一千，照理說，誰要幫他出版，誰就可以輕鬆不費力地賺到一本書。然現實結果是，信子嘗試十多家出版社全都石沉大海，理由是「不適合出版」、「邏輯題材很怪，市場沒辦法接受」，最後在繪本班朋友的穿針引線下，和聯經擦出火花，2013 年《小兔子的奇怪阿嬤》終於如願上市，由於市場反應極好，「奇怪阿嬤系列」的第二本《奇怪阿嬤的奇怪馬戲團》也順利在隔年出版。

原本默默無名的信子，因為這兩本書而成了幾家出版社爭相邀約合作的對象，原本獨立出版的《迷宮小小書》就是這樣被看上，信子與出版社決定放大到可以攤開在地面玩耍，「把繪本延伸變成遊戲書，邊玩邊學，可以很多元。」這是信子最想嘗試的方向。

信子與愛貓 Hello。

國中成績爛透，高中鹹魚大翻身

信子從小不只喜歡看漫畫書、圖畫書，只要有機會，他就開始畫，媽媽發現他的興趣後，便他送去畫室上課。原以為這是培養信子是最好的方法，怎料畫室裡規規矩矩的描摹讓他反感，他討厭被拘束，於是常常翹課去玩耍，畫室都這樣逃掉，遑論其他課輔班，「我哭著求我媽，別送我去上英文課數學課。」信子媽媽看她那麼痛苦，只好放棄。

升上國中，信子考進了美術班，是如願，但也同時也是惡夢的開始。透過這次專訪幾位插畫家，令人有點意外的是，小時候喜歡畫畫的人，以為進了美術班就可以專心畫畫，但卻仍被升學壓力壓得喘不過氣，經過三年洗禮，繼續踏上美術專班的人比普通升學的人數要少得多。這個現象，值得玩味。

和另一位插畫家 Hanu 一樣悲慘，信子也全包全班三年的倒數三名。美術班真正的精髓是：術科強，學科也強，幾乎集合了最資優的精英學子於一堂；對不愛讀書的信子來說，在這班上，處境可想而知。爛成績不僅讓信子懷疑自己是否真的有天分，連家人也不體諒，最支持他的母親這下也不知道該怎麼辦，信子索性擺爛到底，「再怎麼努力也達不到成果，那就算了，開心畫圖就好。」

當時復興美工有個入學辦法，就是參加學校舉辦的寫生比賽，若得獎就可以保送，國中美術班雖然讓信子失望，但他對美術學校仍有期待，看準了這個規則，他就跑去參賽，而且如願獲獎，「我等於拿到免死金牌，根本不用管基測，我就放心天天畫圖。」信子進了復興美工以後，鹹魚大翻身，書隨便念也有全班前三名，原本被瞧不起的邊緣人，頓時成了全班注目的焦點，「同學都說我很厲害，是因為我有學過啊，他們國中都念一般科，很像國中時我的狀況。」。

來自母性的力量，是創作最大的後盾

一路支持信子畫畫的母親，在他服兵役期間罹患血癌住院，退伍後，信子就在醫院照顧媽媽。他在病床邊開始畫畫，也不斷與媽媽分享他的出版計劃，媽媽即使在病榻，支持信子的態度依然未變，有時候信子也會抽空跑去醫院一樓書局看書。那段陪病時光，母子的親密互動是後來支持信子很重要的力量，但母親終究未能逃離死神的召喚，最後因敗血離世。

「我們家裡最支持我的就是我媽，她卻走了，後來我只能自己支持自己。那時滿難過的，卻沒怎麼哭。」葬禮那天，信子躲在房裡繼續畫畫，那是一種難以表達的深層悲傷，結果家人不諒解，還惹來一頓罵。那年，2009，信子23歲。

喪母的信子迷惘了一段時間，終於慢慢從商業設計逐步轉向成為全職圖文創作者。他先嘗試獨立出版，發揮自己所有的創意，同時也努力和出版社合作，除了可以跟更多讀者分享自己的作品外，也能藉此要求自己要有更完整、更精緻的作品，「獨立出版比較像創作，想玩就玩；出版品比較像製作，需要團隊溝通合作。」

當初為何挑阿嬤當主題，創作出「奇怪阿嬤系列」作品？原來信子小時候是阿嬤帶的，跟阿嬤和媽媽很親，關注的題材自然圍繞在媽媽或阿嬤這種母性角色與親子關係之上；同時，他又希望閱讀是好玩的，所以加入了天馬行空的無厘頭元素，有點搞笑卻不脫離探索生命的課題。原以為這個系列熱銷後，信子開始要繼續其他創作，結果不然！「我希望可以做到三十集。」這不是信子的豪語，而是因為他覺得眼前台灣的圖文書都太側重教育，包括如何解決尿床、哭鬧等情緒問題，畢竟買書的是父母，但他希望可以回歸到孩子本身：「小孩喜不喜歡？能夠讓小孩覺得好玩，就夠了。」

好玩，看似沒有意義，但在好玩的氣氛下，靈感與創意會源源不斷。求學路上經歷過好玩與非常不好玩的事情，被升學壓力蹂躪過與被無條件支持的母親疼愛過，信子堅持好玩的創作與遊戲，格外有說服力。

獨立出版的故事

信子的獨立出版都有一個特色：別希望它像一般書籍一樣可以好好一頁一頁翻，最好是清出一個空間，當你一打開，你就會知道這小讀本剪不斷理還亂四處蔓延橫流⋯⋯。
不只作品呈現信子的遊戲心，連創作過程都如此。他在粉絲團這樣寫：「花了 20 分鐘，馬上製做出一本迷宮小小書的草樣⋯⋯這種即興的快速創作，對我來說覺得很有趣⋯⋯每畫一筆就會期待，下一頁會出現什麼呢？⋯⋯在這種不預期的期待感中，每創作一本書，都是一種樂趣。」

蛋蛋系列小書：小豬蛋，青蛙蛋，小雞蛋

迷宮小小書

著作

給想插畫創作的你

以自己創作開心為主。我們的環境都有個迷思，希望繪畫技術更好，但你怎麼學技巧，都是模仿與皮毛，真正該學的是想法與運用，了解創作的媒材與特性，觀察自己的想法是什麼？想要透過畫圖表達什麼？每個人的經驗與角度都不同，如果你只是模仿，你自己的人生背景是出不來的，應該尋找自己真正的創作模式。若確定想要往繪本或者插畫創作這條路走，就必須透過不斷思考自我、摸索與嘗試，來找出最適合自己的創作人生。

graphic artist in Tawain | 08

Vier 小檔案

七年級，松山高中，實踐大學工業設計系畢業。
粉絲團：http://www.facebook.com/VierYeh
主要使用媒材：水彩、色鉛筆
代表作品：
《台灣好果食：54道滿足味蕾的料理》（時報）
《讓天賦飛翔：放對位置就是天才》（時報）
欣賞的藝術家：中國雕塑家向京，日本雕塑家長尾惠那

「只想在家工作」Vier 的異想世界。

一頭黝黑長髮、皮膚白皙的Vier生得素淨，工作室落腳在臺北市熱鬧的東區巷子裡，走在路上，她絕對是會讓人多看兩眼的正妹型女孩，她曾小小探問：「這次採訪，非得露臉嗎？」這顆不想讓人以外貌定位的腦袋瓜裡可有著對生命的深刻體悟，採訪的過程像是剝洋蔥，一層一層，不是教人掉淚，是豐厚得讓人驚豔。

立志在家工作

兩年前，Vier跟朋友約好一起去西藏旅行，當時西藏政治氣氛肅殺，得有「入藏函」才能通行，好不容易等到入藏函下來，友人卻因故無法繼續行程。「我假都請了，機會也難得。」Vier仍決定依照計劃獨自上路。我們以為一個女子在藏區旅行太艱難，Vier卻一派輕鬆地規劃：西藏十二天跟當地旅行團跑，成都三天是獨行，去香港三天則是找朋友玩。在這趟將近三周的自助旅行中，讓習於獨處的Vier有所觸動的是質樸與信仰虔誠的藏民，他們的生活條件看起來極差，但心靈卻豐饒，再窮，每天也要按時供佛佈施，平靜祥和。看到藏民對生命有如此堅定的信仰品質，也讓Vier對生命有了更深的體悟：「人生最極限的不過就是死亡，一路上，我一直跟自己對話，這一趟讓我體會更深，人生有很多不必要的事情，真的不用計較太多。」

自助旅行回來後，Vier換了一家新公司，接著，辭去工作，正式展開了自己從小夢想的生活：在家工作。

Vier的母親是在兒童文學領域筆耕多年的作家林淑玟。小時候，母親白天張羅她和雙胞胎弟弟上學後就開始工作，等到姊弟三人放學回家，作家又回到媽媽的角色；Vier覺得沒有老闆監督的母親，工作自制力很好，時間掌握也有效率，隱隱中譜出了Vier對美好工作形態的想像：「從小看媽媽在家工作，我就好羨慕，也希望長大後可以跟她一樣。」

非科班的創作之路

在母親「家庭即工作」的兒童文學創作薰陶下，漫無邊際的想像啟發了Vier雜食型的閱讀習慣，而她最愛的是科幻小說。「弟弟是雙胞胎，我媽就買了一堆跟雙胞胎有關的書，有科幻小說描述未來可以把雙胞胎的其中一個送上外太空、一個留在地球，然後用心電感應聯繫，可解決所有科技無法克服的光年通訊延遲問題。小時候看到這故事，就覺得科幻很有趣，而且科幻建立在已知的科學基礎上，有可能成真，搞不好有生之年我可以看到實現！」這個富有科學想像力的世界，Vier至今仍深愛不已。

Vier沒有接受過正規的美術教育，只有小學去畫室學畫，但那位啟蒙老師卻為Vier播下了「創作生活化」的種子：「老師上課都會教我們認識材料，而不只是畫畫，有一次，老師的女兒滿月，他就教我們怎樣煮

紅蛋，讓我們從生活中體驗創作。」。

她本來準備國中畢業後去念復興美工，但母親以「大學再念藝術就好」為由反對，Vier於是進了松山高中；而當絕大多數同學們都為了升大學留校晚自習時，她早已打定主意要報考臺灣藝術大學工藝設計系，因此再度走進畫室學畫、學工藝，怎奈成績未能如願踏入心中的第一志願，她因而選念文化大學廣告系，念了一年之後，發現廣告系側重行銷、統計，與原先期待的設計有落差，於是毅然決然轉學至實踐大學工業設計系，實踐大學的設計課程比重很高，終於讓Vier愉快地完成大學學業。

之前在公司上班時，Vier為了不讓自己的創意枯竭，自稱「有控制狂」的她決定給自己一些工作之外的獨立創作空間，於是開始回頭手繪，訂下每個月的主題，每天騰出一點時間作畫，並開粉絲頁督促自己，「既然公告了，就會有壓力」。粉絲團開張後，漸漸有人找上門合作，終於讓期待在家工作的Vier夙願以償。

嚴格要求自己的「控制狂」

離開公司至今，Vier回家接案生活將近兩年，目前除了零星合作的活動或展場設計，主要是工作是書籍美術設計與插畫，因為母親的關係，Vier有很大的案源來自兒童故事，直到2014年，因與出版社合作《台灣好果食：54道滿足味蕾的料理》與《讓天賦飛翔：放對位置就是天才》兩本書，進一步打開了她的創作風格。「我想慢慢往成人書籍設計，不要再畫兒童的東西，希望可以走向薛慧瑩或者王春子的路線，我想變成像這樣的插畫家。」當Vier得知我們企劃插畫家專題系列也有她的兩名偶像後，她瞪大眼睛難以置信：「我會跟他們放在一起嗎？太可怕了！」

對Vier來說，哪怕是突然掉下的靈感，都是生活中累積起來的東西，早已植入大腦記憶體，絕非憑空而來；而創作，更需要有規律的作息。

每天一早起床，腦袋處於空白狀態，Vier開始專心打底稿創作，下午就用來處理對外聯繫的瑣事，接著再繼續做些不需要集中注意力的工作，比方上色、塗抹，因為這時外界的嘈雜聲音開始會干擾創作。不過，她也強調，每個人都會有不同的節奏，「能夠自己接案的人，自我掌控能力都滿強的，所有時間都得自己安排，我身邊的朋友們，也許作息不同，但都是規律的。」Vier可不是接案後才這樣要求自己，高中時的她，因為嫌棄自己字好醜，發狠定下時間表、每天練習，「學設計的人，多少有點控制狂，我不會跟人家講我要做什麼，但我會在內心設定好，一定要做到。」。

走過，都是養分

除了閱讀，Vier也喜歡下廚、做做家常菜，日常生活的簡單成了她最好的休憩。三十歲不到的她，年輕的臉龐裡頭住著的是一個老靈魂，「我從小就覺得只要真心想做一件事，宇宙就會幫助你，接案這一年多來，也會有捉襟見肘的時候，但只要我開始動，就會有錢跑到我眼前。」。

相信宇宙會善待自己，是因為Vier認為肉身是硬碟，靈魂則是軟體，她深信世上有個超越人類的存有，一切早就安排好，所以只要開始動手做，現在的付出就是未來的養分，一步一腳印，就會走向那個目標。回首創作之路，從畫畫到工藝，接著是設計與插畫，未來還想嘗試雕塑，Vier可曾想過要如何定位自己、最終的目標又是什麼？

「我人生的目標是可以在家工作，做自己喜歡的事。至於用什麼方式創作，順其自然。」Vier眼神清亮、沒有任何猶疑，就像她畫筆下的貓先生那般理所當然地注視著你。

代表作品的故事

Mr. Cat 貓先生

Vier 畫筆下的貓先生，有下雨撐傘、穿雨鞋，有早上泡在咖啡裡卻仍睡眼惺忪；也有各種奇怪睡姿，或者凸搥出包的模樣，貓先生這一系列除了在粉絲團分享之外，也開過個展。創作靈感來自 Vier 自家的寵貓，這讓家裡同樣有毛小孩的粉絲看了都嘖嘖稱奇：「怎麼好像我家的貓喲！」

小矮人

「小矮人」的創作靈感來自格林童話「鞋匠與小矮人」的故事，趕稿趕到半夜的 Vier，有天突然希望也有一群小矮人跑出來幫她！她就把自己期待的小矮人畫了下來，這也成為 2014 年底個展的主題。裡頭有個矮人會帶著一個動物頭，這是 Vier 內心的聲音：「我希望是團體中的一份子，卻又希望自己是最特別的，但這不意味我好或者別人不好，只是人的內心都渴望被看見獨特性。」

給想插畫創作的你

想畫插畫，就不要想太多，
開始做就對了。
做人要謙虛，
永遠要知道自己是不足的，
才能往更好的地方進步。
希望在家接案工作的話，
要培養自制力，
並先規劃未來半年財務狀況，
從接案到實際拿到錢，
通常都會有幾個月的落差，
所以需要時間等錢下來，
除非你運氣很好，
一開始就賺一大筆錢，
不然會有荷包空空的壓力。

part 02

日本插畫家篇

採訪．攝影 by 潘幸侖

受訪陣容

畫出屬於自己的設計之路！
專訪**加藤真治**老師。

永遠都要超越過去的自己！
專訪**繪本《小熊學校》作家與插畫家**。

繪封筒，郵寄一份幽默感給你！
專訪**日本插畫家ニシダシンヤ**。

愛如繁花在書法裡盛開。
專訪**花漾書法家**（花咲く書道）**永田紗戀**老師。

當藝術成為日常生活的一部分。
專訪日本**迷你版畫家，森田彩小姐 & 小牟礼隆洋先生**。

插畫與手作，實現兒時的夢想。
專訪**阿朗基阿龍佐原創作者：齊藤絹代小姐** & **余村洋子小姐**。

About 潘幸侖

1988 年生，台灣新竹人，目前住在好山好水的花蓮。
喜歡可愛、風格獨特的插畫，
更喜歡插畫背後所隱藏的人生故事。

粉絲專頁
https://www.facebook.com/sachi7762

加藤真治 老師

graphic artist in Japan 01

畫出屬於自己的設計之路！專訪加藤真治老師。

絕大多數的人，每天至少要奉獻八小時的時間給工作，工作占去了生活的大半時間，如果可以「從事自己喜歡而且適合的工作，並以此為生」的話，是再好不過的了。

有些人在很小的時候，就知道自己此生最想要從事的工作是什麼；有些人則是透過不斷的摸索，花費數十年才明白自己最喜歡的工作是什麼；也有些人終其一生都沒有尋找到。

加藤真治（Shinzi Katoh）老師無疑是屬於第一種類型的人，小學一年級，對許多人來說還是懵懵懂懂的年紀，但是他已找到未來的人生道路，那就是成為一位畫家。若從六歲開始算起，今年67歲的加藤老師投入插畫這個領域超過半個世紀，如今他是日本知名的插畫家、藝術家、平面設計師，同時也是雜貨設計師。

許多台灣人對加藤老師印象最深刻的作品，無疑就是曾經與全家超商合作過的小紅帽（赤ずきん）系列了。不只是小紅帽，在過去30年來，加藤老師出版二十五本以上的繪本，設計過的商品更已超過一萬件以上，內容包羅萬象，例如文具、包包、餐具、鞋子、服飾、甜點、玩偶等等。然而，加藤老師關心的不只是繪畫與設計，也橫跨到環境與環保議題，以呼籲重視全球暖化的繪本北極熊兄弟《そらべあ》（Sora Bear）自2006出版以來引起了廣泛的矚目。

最近這一兩年，加藤老師更和迪士尼、三麗歐等公司展開很不一樣的跨界合作方式，將《小熊維尼》、《玩具總統員》、《鹹蛋超人》等等經典動漫的角色們，以溫柔的手繪風格呈現，將這些經典動畫「繪本化」，注入了專屬於「加藤真治式」的療癒、溫暖風格。

在設計界是深受新人敬重的前輩；在雜貨界是廣受消費者喜愛的雜貨設計師；在繪本界是贏得孩童們的心的作家，想必許多人一定感到好奇，加藤老師是如何建立起自己的插畫王國的？他是如何在人才濟濟的日本插畫界脫穎而出的？

親切的加藤老師在接受訪談時，展現輕鬆自在的態度，說話不疾不徐，如同他的畫一樣，給人溫暖、安心的感覺。在談到關於如何成為一位插畫家的時候，加藤老師的態度轉為有些嚴肅，說，年輕人一定要開闢出一條屬於自己的道路，找到獨特的舞台，才能綻放光芒，儘量不要做前人已經做過的事情。

不模仿前輩做過的事情，但是老師的為人處事的態度與人生觀，卻值得年輕人效仿的。面對寬廣無限的世界，難免有不安與迷惘的時候，不妨來看看老師的經驗分享。

正在介紹畫作的加藤真治老師。

「小紅帽」系列是許多人對加藤老師印象最深刻的作品。

加藤老師筆下的愛麗絲，風格溫柔甜美，帶有一點成熟感，贏得許多大女孩的喜愛。

法日混血女孩 Cheri（雪莉）也是相當受歡迎的系列。

童年生活：父親是影響自己一生最重要的人。

Q1：請加藤老師和我們分享您的出生地與童年生活。

加藤：我生於在九州的熊本市，熊本擁有良好的大自然環境。河水很清澈，有小魚優游在其間，夏天有螢火蟲。雖然現在環境改變了許多，但河水依然很乾淨喔，也還有螢火蟲。

我從小就是個愛玩的孩子，會把螢火蟲放進小竹籃裡，然後放在枕頭邊，一邊看著牠們直到睡著為止。放學後我就會跑到有螢火蟲的小河去，一直等到晚上螢火蟲出來，所以常常都很晚才回家，不過父親都沒有生氣。

後來搬來名古屋是機緣啦，並沒有特別討厭或喜歡，名古屋位於大阪與東京的正中央啊！不管往西還是往東都方便，客戶也都集中在東京或大阪。

Q2：請問您是在什麼時候開始喜歡上畫畫，並且決心投入繪畫與設計這個領域的？

加藤：從小就很喜歡畫畫了喔！也很喜歡繪本，為了買到喜歡的繪本還會去打工。（笑）

我的設計基礎是受到父親的影響，小學一年級時，父親問我是否想要當畫家，當時也沒想太多啦，立刻就點頭說好。於是跟著父親學習素描、油畫、水彩等各種畫畫技巧，也熱衷到美術館看展，至今花了不少錢在購買展覽會的門票上，我是屬於從小就會在美術館專心鑑賞畫作的孩子。今天會成為設計師，就是透過每天的學習而培養出來的。後來有就讀美術學校的平面設計科，不過那所學校現已關門了。

Q3：所以您受到父親的影響很深嗎？可否和我們分享，除了繪畫，他對您的影響還有哪些呢？

加藤：雖然會成為畫家是受到父親的影響，不過他的工作與繪畫完全沒有相關喔！他在熊本大學任教。父親對生活物品的品質與美感相當堅持，以每天都會碰到的東西來說，像是在購買包包或鉛筆盒等時，父親也會跟著去選。他會拿十幾個包包來挑選，一定要挑選到最好的包包及最好的衣服等等。對任何事都是如此執著，執著到接近龜毛，小時候的我會想真是夠了！當時和父親一起去買東西，對我而言不算是很開心的回憶吧！

不過，隨著長大成人，反而很感謝父親，他不只是培養我設計的基礎，也培養對周遭物品的美感。讓我能夠做著自己喜愛的事情，也因此能生活下去。

成為設計師以後的甘苦談。

Q4：您從事繪畫與雜貨設計的工作很久了，在這麼長的歲月中，您是否曾遇到創作上的瓶頸？

加藤：的確有沉到谷底的時候！一開始踏入這一行時，是在貿易公司當設計師，那時專職於歐美用之新穎設計，算是很順利；但轉戰國內用精品雜貨設計的前三年，因設計不出熱賣商品，非常地辛苦。不過，跨過這道牆後，開始有設計的產出，從此再也沒有感到江郎才盡的時期。

Q5：您累積與許多不同公司合作的經驗，如何將繪本裡的插畫運用在商品上，設計出符合業主需求的雜貨商品呢？

加藤：要設定客層，例如，像是要給法國料理餐廳的盤子與碗，就會想，會有怎樣的客人來到這家餐廳、餐具會被如何使用……然後再斟酌要怎麼設計。換言之，類似這樣的商業合作，是絕對不能以自己主觀意識為準，必須考量到很多實際的層面。

這時候已經不是單純的繪畫而已，反而像是設計工廠一樣，去分析要做出怎樣的東西等，實際上會有一部分是非常地嚴肅的。

Q6：您創造出的小紅帽是廣受讀者喜愛的角色，可否和我們分享當初創造這個角色的機緣？

加藤：那時很努力藉尋找人與人之間的共通點，期許自己能設計出「讓很多人願意拿起來看看」之商品。我想小紅帽的商品能漸漸擴展的原因應該在於，人們多半在兒時有接觸過小紅帽等童話故事，有童話故事圖案的商品，無論是自用或當作禮物，皆能引起內心某處之共鳴，才會這麼暢銷！不管是法國人、英國人、台灣人或韓國人，大家都喜歡小紅帽呢！直到現在，小紅帽的商品也持續在增加中喔！

Q7：您創作了繪本北極熊兄弟《そらべあ》（Sora Bear），呼籲世人重視全家暖化的環保議題，可否和我們分享您為何想要創作這一系列的繪本？

加藤：我始終認為「文化」及「文明」非得以相同速度發展不可。文明先發展的話，會產生公害及各種污染問題，環境一旦遭到破壞，得花費很長一段時間來加以修復。所以我一直認為文化及文明必須同時被養成。只顧著發展文明，雖然可以使物質生活進步，卻會帶來許多災難。

從設計師到公司的董事長。

Q8：您在平成9年正式成立了自己的公司，可否和我們分享一開始成立公司的動機是？

加藤：成立公司是是在偶然的情況下，在此之前，並非以公司之形式，而是以個人之形式執業。在賦稅署要求改善時，才發現在不知不覺間收入已攀升到必需聘僱一位稅務師的地步了。雖建立起公司行號，但我認為充其量不過是一間設計工作室而已。

加藤老師為北極熊兄弟繪製的手稿

全球變暖威脅著北極冰圈，同時也讓北極熊的生存環境越來越惡劣。《そらべあ》描述北極熊哥哥和弟弟，因為冰層斷裂而與媽媽分開，弟弟在睡夢中醒來以後發現媽媽不見了，而流下眼淚。

Q9：可否和我們分享您是如何帶領一家設計公司？

加藤：就像事務所的分部一樣，是很多人分工，一起完成一件作品。起步都是由我提出想法、繪製草圖，成品的則是交給大家一起完成的。老實說，我很想讓員工自己去發想，不過，雖目前旗下有優秀的員工，但發想畢竟需要特殊的能力。

起頭都由我來發想獨一無二的設計，然後再詢問員工意見，當大家都說「這個好可愛」時，就會準備商品化了。

Q10：如何兼顧「設計師」與「老闆」的這兩個角色呢？

加藤：我認為這是公司經營者的問題。我本身是一位設計師，所以有著與員工相同的心情。我畢竟只是公司裡的一位設計師，成立公司是偶然，會成為公司董事長也是偶然，所以想法會有點不一樣吧！

我很注重與員工的情感聯繫，我們公司只要有員工生日，都會在辦公室慶生，聖誕假也會慶祝喔！可能因為這樣，大家進來這間公司就都不想走了。（笑）

在大阪展覽會上塗雅的加藤老師。

Q11：您曾和許多不同廠商合作，推出各式各樣的雜貨商品，可否與我們分享這些跨界合作的經驗？

加藤：一起合作的公司都是對方自己找上門的，可以讓我自由地去發揮，只是有一定規則的，像人的手指本來有五根，而我只畫三根的話，這樣就不可以。要依循規則去繪製，其他可以讓我盡情發揮，這樣的合作經驗幾乎都是很開心的。

加藤老師與迪士尼公司合作推出的雜貨，有手提包、手機殼還有便當盒等等，種類相當豐富。

Q12：現在日本有許多雜貨商品委託為中國製，日本製的商品愈來愈少了，您如何看待這樣的趨勢？

加藤：我認為這是愈來愈普遍的情況，像陶瓷器，中國做的就很好啊！我並不會因為某件商品是中國製，就覺得它的品質是不好的。從我的角度來看，中國在這方面的產品就表現得不錯。

但是目前不太想跟中國簽訂合約。如果簽約的話，會無法掌握他們將商品賣到那裡，連生產數量也無法控制。生產的話，是可以讓中國去執行，但尚未到跟中國公司簽合約的時機，時機成熟時會想合作看看吧，但現在應該還不是時候。

Q13：成立公司以後，您曾遇過的挫折感是什麼？相反的，最大的成就感是什麼？

加藤：感到挫折的時候，是製造商的程度太低的時候……。成就感的話，就是這裡的社員，每一位都很熱衷工作。繪畫、設計，我認為這些都是很令人愉快的工作，要能樂在其中，我也常常會跟員工說，如果覺得不開心的話，辭職會比較好喔！因為會有壓力。

來問我身邊的員工好了（註：此時加藤老師轉身問身旁的助理），妳覺得這在裡工作開心嗎？

助理佐藤小姐：很開心喔！一直有新的事物，各式各樣的工作接踵而來；其中也有到目前為止沒有體驗過的經驗，愈做愈開心。

如何成為一位優秀的插畫家？

Q14：在您心中，一位好的插畫家，或是設計師，應該具備怎麼樣的條件呢？

加藤：要有深厚的繪畫能力與技術，我認為無論任何工作都是需要技能的。且這些技能並不是一蹴可幾，需要投入很長的時間去精進。

Q15：除了繪畫技能，您認為還需要具備什麼樣的態度，會有助於插畫事業呢？

加藤：對應的能力。對任何事情都能夠對應的話，也就是說，在面對各式各樣的挑戰也能承擔重責，不輕易逃避或放棄，我想這樣的人一定能培養出技能。

Q16：請問貴公司在挑選員工（設計師）的標準是什麼？

加藤：不擅長與人應酬的人。不會說謊的人。個性謙虛的人。

Q17：成為一位出色的插畫家是現在許多年輕人的夢想，然而這個行業也相當競爭。可否請加藤老師給予這些年輕人一些建議呢？您認為要怎麼做，才能在插畫這個人才濟濟的舞台上脫穎而出？

加藤：全日本應該只有我一個人會做我做的工作吧！不是依靠「實際生產的工廠」生存，而是依靠「軟實力」生存。我去學校客任講師時，也常常被學生問：「如果想要變成跟加藤真治一樣的人的話，應該要怎麼做？」我都會這樣回答：「做我沒做過的事是最好的，就算做跟我完全一樣的事，也是無法成功的！」

再說，我一直以來都是在做前人沒有做過的事，所以現在可以僅靠實力，就吸引到迪士尼、美國的 King Features 大力水手等公司前來洽談；很多的合作會自己靠過來，現在也跨足了甜點業、服飾業。因為我有實績，就算不主動去迪士尼推銷，他們也會自己找上門來。年輕人如果完全跟著我的腳步，做跟我一樣的事情，也是無法達到這個地步的；所以必須得做跟我不一樣的事。

但是，到底什麼事情才是「跟我不一樣的事情」呢？這就需要年輕人自己去挖掘了。

加藤老師的私人工作室大公開！

是否會好奇加藤老師是在什麼樣的環境下創作的呢？公司辦公室的隔壁就是老師的個人工作室，絕大多數的時候，這裡只有加藤老師自己一人，安靜、專注地進行創作，或是發想一些關於雜貨商品的提案。

工作室有幾幅大型的畫作，這些畫作將在美術館的展覽亮相，老師更透露近期有到台灣開個展的計劃喔！除了量產的雜貨商品，老師的畫作也一直受到藝術愛好者的青睞，曾展售在美國舊金山當代藝術博物館（SFMOMA）中。

談到最近想設計的商品，加藤老師說，其實過去的他並不太常用自己設計的商品，例如名片盒，以前都只用簡單的黑色盒子，不過最近也開始會使用自己設計的名片盒。

「雖然我本身是藝術家、設計師，但有點跟不上時代。在考慮商品提案得時候、在設計的時候都是想著消費者的喜好，並不是考量自己是否也會使用。最近也想開始設計一些自己會使用的產品。」加藤老師如此表示。

Shinzi Katoh Cafe
加藤真治咖啡廳

位於大阪大東市 JR 住道車站附近的商場ポップタウン住道，二樓設有加藤真治的咖啡店與雜貨店鋪，可以在這裡享受悠閒的購物氣氛與午茶時光。店裡有滿滿的可愛插畫，咖啡上還有加藤老師設計的「蒙馬特小鄰居」裡面的兔子圖案喔！身為加藤真治迷的你 / 妳一定要來訪。

如果不方便來到住道，2015 年 4 月 21 日在大阪京橋開設第二家分店，除了雜貨、咖啡、甜點與簡餐以外，營業時間更拉長到晚上十一點，夜晚有提供酒類，不妨來這裡小酌一下喔！

住道店

京橋店

來杯可愛的拿鐵吧！

about

加藤真治 Shinzi Katoh 官方網站：http://www.shinzikatohcafe.net/

Shinzi Katoh cafe　官方網站：http://www.shinzikatohcafe.net/

住道店
住址：大阪府大東市赤井 1-4-1　ポップタウン住道　オペラパーク 2 F
電話：072-803-8608　營業時間：10：00 ～ 20：00 (最後點餐 :19:30)

京橋店
住址：大阪府大阪市都島區東野田町 1 丁目 6-22 KiKi 京橋 1F
電話：06-6809-2727　營業時間：11：00 ～ 23：00

相原博之
(Aihara Hiroyuki)

繪本作家、研究員，兩位孩子的父親。1999 年因長女誕生，而展開繪本作家的生活；其中，亦從事於角色的開發及創作。作為 BANDAI CHARACTER 研究所所長（現在的 CHARACTER 研究所社長），參與繪本《小熊學校》整體製作及各種角色之開發。

足立奈實
(Adachi Nami)

繪本作家、設計師，多摩美術大學平面設計系畢業。在玩具公司接觸泰迪熊後，開始繪製繪本「小熊學校」系列作品。2003 年 10 月開始以自由繪本作家及設計師的身分工作。

個人網站：http://www.adachinami.com

永遠都要超越過去的自己！

專訪繪本《小熊學校》作家與插畫家

在日本擁有極高人氣的繪本《小熊學校》（日文：くまのがっこう），描述12隻兄妹熊在山上寄宿學校的生活。排行老么的傑琪是故事主角，也是12位熊兄妹中唯一的女生，書中描繪她和11位熊哥哥們的日常生活。自 2002 年 8 月販售以來，至目前為止已發行全系列 15 冊，累計發行數量超過 200 萬本（日本國內）。

不只繪本，小熊學校周邊商品的營業額也有很好的表現，玩偶、食器、文具、包包等雜貨商品共有一萬種，周邊商品營業額達年 100 億日幣。創造這一系列繪本與豐富周邊商品的作者是日本作家相原博之（Aihara Hiroyuki）老師，插畫由足立奈實（Nami Adachi）老師擔任。在還沒有見到兩位老師以前，我對於繪本作家的想像是「應該是很活潑開朗、很可愛的吧？」。結果有點出乎意料之外。

相原老師帶著黑框眼鏡，以一身黑的打扮出現，曾經待過廣告界的他反應敏捷，說起話來鏗鏘有力；足立老師留著一頭簡潔利落短髮，戴著充滿個性的耳環與手環，不笑時看起來有一點點嚴肅。不論是從回答語調、姿勢，或是服裝來看，對兩位老師的印象都是知性和酷酷的，不太容易聯想到是「可愛風格繪本作家與插畫家」的身分。當我和他們說出內心的想法時，兩位老師立刻哈哈大笑。

「哎呀，這樣會不會讓妳有點幻滅？」

「也許是不想給人繪本作家就該很可愛的既定印象，所以私下會想表現有點酷酷的也說不定。」

「比起可愛，被稱讚酷反而比較開心呢！」

作品很可愛、作者本人卻很酷，這樣有趣的反差，讓人對《小熊學校》的誕生過程更加好奇了，如何創作出高人氣的繪本呢？我們的訪談，就在被滿滿的傑琪周邊商品包圍的辦公室裡，愉快地展開了。訪談過程，兩位老師數次提到「必須擁有超越舊作的強烈渴望」，我想就是這樣全力以赴的認真態度，成就了獨一無二的小熊學校。

合作的起點&小熊學校誕生的祕密。

Q1：可否和我們簡單分享您們的成長背景和求學過程。以及，兩位是什麼時候對「創作」產生興趣並且以此為志業的呢？

相原博之老師（以下簡稱相原）：我出生於宮城縣仙台市，大學時離開家鄉到東京就讀早稻田大學，畢業後曾經在廣告公司工作過一段時間。長女出生以後，第一次接觸繪本的世界，在朗讀繪本給小孩聽的過程中開始對繪本創作產生興趣，覺得或許自己想做的就是這個，因此開始嘗試繪本的創作。

足立奈實老師（以下簡稱足立）：我出生於岐阜県多治見市，從小就對藝術創作非常感興趣，覺得人生中一定要有畫圖這件事情才行。為了就讀東京的多摩美術大學，一個人隻身來到東京。

大概是小時候在山上的學校念書，在大自然的環境下成長的緣故，大學時期不像一般女大學生過著多采多姿的生活，也不太會被五光十色的大城市影響，絕大部分的時間都花在寫作業或是個人的創作上。因為從小就喜歡做手工藝，很早就萌生「希望自己的作品可以問世」的想法。

Q2：您們的繪本從2002年開始發行，至今已經13年了，能成為長時間受到大眾喜愛的繪本，真的很厲害。請問您們一開始合作的背景和機緣是？為什麼會想把繪本的主角設定為「熊」以及把繪本的場所設定為「學校」呢？

相原：和足立老師曾經在同一間公司工作而認識彼此的，因為足立老師很喜歡畫小熊，而且畫出來非常可愛，所以我便提議一起創作繪本，並實際找了出版社出版成書。所以，是先完成熊的角色之後，才開始構想故事的。

會把繪本的場所設定為「學校」，是因為我們是雙薪家庭，每天都要到幼稚園接送女兒，光是看到那些小小的小朋友，就覺得好可愛。幼稚園的孩子們很開心地玩在一起，相反的，早上趕著去上班的通勤族，每個人都板著嚴肅的臉孔，所以我對於幼稚園這種溫暖的情景感動不已。當足立老師畫出這隻頭大大、走路有點晃呀晃的小熊傑琪時，畫面突然和幼稚園的情景重疊，繪本的構想《小熊學校》便由此誕生了。

足立：我之前曾做過兩份工作，第一份工作是在代理德國金耳扣泰迪熊Steiff的玩具公司上班，所屬的部門就是專門負責泰迪熊商品，平常工作環境中充滿了泰迪熊玩具，長期和這些熊娃娃接觸，自己也變得特別喜歡熊，於畫了一些小熊的插圖。說起來這應該算是創作《小熊學校》的原點吧！

後來在第二份工作的職場上認識了相原老師，是一個很重要的機緣。

Q3：那麼，是如何選定傑琪為主角的呢？

對於傑琪這個角色的想法是什麼呢？

相原：繪本的最初是有12隻小熊的小熊團體，因為團體有其可愛性，所以並未特別設定主角。我認為小孩子只要聚集在一起，每個孩子都會有其個性，也不會特別有哪個孩子是主角。但是實際要寫成故事時，有一個比較不同的孩子存在會比較好，設定上就出現了唯一的女孩子傑琪……。其實剛開始也沒有決定要命名為傑琪喔！

最初希望傑琪成為受到大家歡迎的女孩，成長為自己心目中裡想的孩子。但不知不覺中傑琪已經活在我的心裡，擁有她自己的魅力。

足立：傑琪對我來說是真實存在的一個角色，自由自在的行動著。

Q4：兩位老師合作非常多年了，在您們眼中的對方，是一位怎樣的人呢？

相原：足立老師是對工作要求嚴格的人，是一位完美主義者。

足立：相原老師是一位忠於自我、認真且直率的作者。

關於忠於自我這一點，相原老師真的很有自己的想法和原則，一旦下定決心的事，無論周遭的人怎麼說都不會受到影響。如果沒有這樣的人格特質，恐怕也是無法從事這份工作的。

創作繪本的甘苦談。

Q5：《小熊學校》受到廣大讀者的支持，請問您們當初有預想到這一系列的繪本會擁有如此高的人氣嗎？這一路走路是否曾有感到不安的時候？

相原：《小熊學校》就是我個人第一部繪本作品，老實說一開始完全沒想過會這麼受到歡迎。真的非常意外，同時也感到很開心。現在能被說「很有人氣呢」，也是因為在初期下了很多功夫。能不能繼續堅持下去，才是最重要的。還有就是因為愛吧，如果是自己一手拉拔的孩子，不會因為不紅，就丟棄不再養吧。（笑）

足立：我也沒想到自己的繪本會這麼暢銷，當然一開始也會感到不安，但當時只想作出好的作品，還有為了讓更多人認同自己的作品，全心全意去創作。

Q6：小熊學校繪本一年發行兩冊，發行時間可以說是相當密集，等於製作完一本繪本就要馬上開始下一本了。請問您們是否因此感到辛苦呢？另外請問足立老師，繪製一

傑琪與她的十一位哥哥們。

穿上毛衣和圍巾的傑琪，仔細觀察，傑琪的衣服都很漂亮呢！

本繪本大概需要多久的時間？

相原：剛開始對於一年要出版兩本繪本這件事情確實會感到很有壓力，總是一直被工作追著跑，必須一直考慮下一步該怎麼做。不過習慣之後覺得一年出版兩冊的速度剛剛好，現在能夠以最好的狀態進行創作。

足立：我是屬於等待消息的那方，決定要出書後才開始創作，所以並沒有太大的壓力，很期待收到要開始進行下一部作品的消息。

從開始構想的階段到實際出版，全部過程大約要花費一年時間，但是實際作畫時間通常只有一到兩個月。決定出版後，有兩到三個月的期間由相原老師構思故事內容，兩個人也會一起討論。之後會有一個月左右打草稿和修正，趕的時候甚至只有20天可以上色呢！真的還滿趕的。

Q7：每年都有上千本的繪本問世，能夠長時間受到讀者的喜愛真的很厲害，您們認為其祕訣是什麼呢？

相原：一開始真的沒想到能夠出版成一系列的作品，變成系列其實就是一本一本的慢慢累積。其實也沒有什麼受歡迎的訣竅，如果要說有，那就是在製作每一本作品時，都必須有超越前作的專業意識。

足立：還有就是我們兩人的健康，以及維持良好的夥伴關係。

Q8：在人氣愈來愈高長以後，您們下一步的計劃是什麼呢？例如推出更多商品？或是展開其他的跨界合作？

相原：目前沒有特別的計畫，但相信只要作品永保人氣，自然就會有很多跨界合作的機會。換我反問妳好了（笑），妳有沒有希望推出什麼樣的跨界商品呢？

潘：食品類最貼近一般民眾，我想如果跟食品廠商合作應該會有不錯的宣傳效果，例如印有傑琪圖案的瓶裝水或是飲料，喝水時有傑琪的陪伴，感覺很幸福。

相原：嗯，我也認為和食品廠商的合作非常不錯，目前有跟食品廠商合作過麵包及冰淇淋等商品，另外也曾經跟肯德基合作推出過商品。

足立：我希望有機會可以推出小熊學校的郵票，只是不知道郵局會不會來找我們就是了。

創作與人生觀。

Q9：請問您們是否有很欣賞的繪本作家？不論是日本國內或國外的作家，可否和我們分享。

傑琪是排行第十二的孩子，汽車號碼當然就是 12 囉！

小熊學校
the bears' school
圖・足立奈實 文・相原博之 譯・綿羊
超人氣《小熊學校》開學了！
周邊商品超過3000種以上，
來自日本的超人氣偶像"傑琪"報到！
傑琪和她11個小熊哥哥，相親相愛的生活故事！

《小熊學校》中文譯本由台灣愛米粒 Emily 出版社出版，2015 年 4 月上旬在台灣正式發售。

東京車站專賣店裡的商品，娃娃、帆布背包均是大人氣的商品喔！

相原：日本的林明子（HAYASHI AKIKO）老師是我很欣賞的繪本作家。林老師在繪本界非常有名，她的作品中主角大多是女性，非常擅長傳達女性細膩的情感部分。

足立：沒有特定喜歡的繪本作家。最近的話，蠻喜歡荷蘭藝術家迪克．布魯納（Dick Bruna）的作品，不過還沒看完他所有的創作（註：迪克．布魯納最是知名卡通人物米菲兔 Miffy 的作者。）。

Q10：想請問兩位老師，無論是文字方面的創作，還是繪畫方面的創作，您們認為身為一位創作者，什麼是最重要、最不可或缺的條件呢？

相原：愛情，對作品的愛情比什麼都重要。我認為繪本應該要能讓閱讀完的人感到溫暖與幸福。有注入愛情所構思出的作品，和沒有投入愛情、單純只是畫圖的作品，在讀完之後給人的感受完全不同。假如故事的內容，或是傑琪的一舉一動，如果連身為創作的我們都無法感到共鳴，表示對於作品的愛情還不夠，就要重新思考重新作畫。

足立：全力以赴的積極態度，以及想要超越前作的動力。另外，一邊想著幫所有登場角色注入靈魂、一邊創作也是很重要的。

Q11：請問兩位老師的人生座右銘是？

相原：樂在工作。無論何時都抱持著樂觀正面的想法才能作出好的作品。

足立：不偏不倚朝自己決定的道路勇往直前。

當角色從繪本走出來，成為雜貨商品。

Q12：把繪本人物商品化的過程，主要是由誰負責的呢？是否曾遇到什麼困難？

相原：商品通常由廠商提案，到量產前會有專門的工作人員監督及修正。在製作動畫時，不像出版業有專人決定畫面排版，必須自己判斷要使用哪一張畫面格，對我們來說是比較有難度的作業。

Q13：身為創作者，可以隨心所欲創作出自己喜愛的故事，這是比較浪漫的一面；將角色人物商品化，則必須考量到市場的反應與消費者的意見，這是比較現實的一面。想請問相原老師，您是怎麼在這兩個不同的角色中轉化的呢？您認為該如何兼顧「創作者」和「經營者」這兩個角色呢？

相原：嗯……真是個好問題。我覺得做出好的作品最重要，平時會集中精神在創作上。能創作出好的作品，自然就會大賣，接著會有卡通、商品、跨界合作等等邀約。

當然經營部分也相當重要，難得做出好的作品，如果看的人不多，豈不是很可惜。身為一個藝術創作者如果完全不考慮作品賣不賣座，抱持著「喜歡的人自然會看，沒興趣就算了」的想法，我覺得對消費者來說是非常不親切的。

我們是抱持著「想讓更多人接觸到自己作品的理念」在創作，基本上我在創作與在經營的時候，是以完全不同的頭腦去思考的。

Q14：雜貨的銷售是否會受到大環境（例如經濟不景氣）的影響呢？您如何看待這個問題？

相原：確實，雜貨的銷售很容易受到景氣影響。但只是因為沒有多餘的閒錢就不買，表示對這個角色的愛還不夠。如果真的很喜歡，相信即使大環境再怎麼不景氣，還是願意花錢購買。所以我們在創作的時候也會投入很多的愛情，希望可以創造出像是米老鼠、史奴比……等等，未來50年、100年，都能受到全世界喜愛的角色。

給台灣讀者的話。

Q15：最後，小熊學校在台灣也擁有許多支持者喔！請兩位老師對台灣的支持者說幾句話。

相原：老實說當初真的沒想到小熊學校會

the bears' school

掃描QR CODE 了解更多！

CITY CAFE 集點送

小熊學校熊寶包系列

集滿4點+69元

或9點 免費換

（中杯以上得1點）

CITY CAFE

在城市 探索城事

一共8款 快來收集！

陪伴珍藏版

即將推出 敬請期待

與台灣便利商店 7-11 的合作

2014 年與台灣便利商店 7-11 推出的 CITY CAFE 咖啡集點贈活動「小熊學校寶包系列」，推出筆袋、零錢包、手提包等商品。

相原老師表示，和便利商店合作是個能讓更多人知道小熊學校的機會，連在日本都還沒有這樣的跨界合作，沒想到能在台灣實現真的感到非常開心。

無論是配色還是整體的設計，都很有「大人感」的馬克杯。

© BANDAI

這麼受到歡迎，而且還紅到台灣！我想台灣大概是之於日本第二個喜歡小熊學校的國家了吧。能夠在日本以外的地方受到讀者喜愛真的很開心！也希望台灣的各位讀者不要覺得膩，能夠像日本國內的書迷一樣，接下來了10年、20年繼續喜歡著小熊學校。

足立：沒想到在日本之外的地方也有人喜歡自己的作品，覺得很不可思議。想到傑琪在海外也這麼努力、這麼活躍就很開心。

足立老師愛用的繪圖用品。

足立老師喜愛的鉛筆與水彩。老師特別解釋她的作畫習慣，一本繪本大約有18頁，平常作畫時同時會擺2、30張貼好的畫布在工作室，然後全部同時進行繪製，邊畫邊修改，並不是一張畫完再畫下一張。有時候到截稿日的前一天都還是未完成狀態呢！

「我想做的不單純只是畫畫這件事，而是想要創造一個屬於小熊學校的世界。因為我很喜歡顏色的組合變化，所以會在作品上使用很多充滿我個人風格的色彩。」足立老師表示，她會參考一些國外的兒童服飾雜誌，汲取靈感。

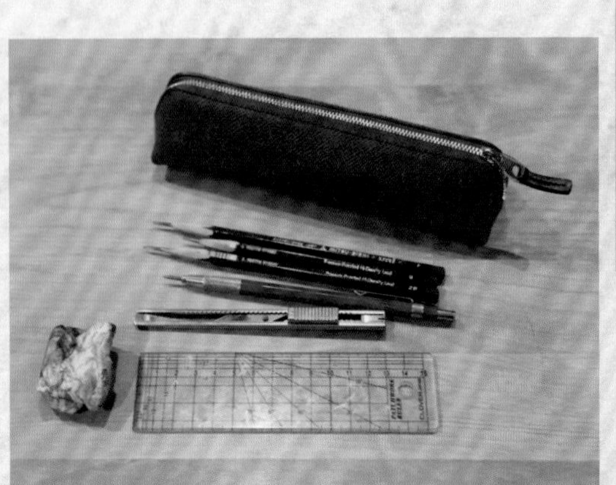

小熊學校直營店

小熊學校的商品在日本哪裡可以買到呢？從東京車站八重洲地下中央口剪票口走出來，可看到「東京駅一番街」，裡面有小熊學校的專賣店，這裡還有特別販售和東京車站相關的商品，例如化身為站長的傑琪娃娃，絕對是來到東京最好的伴手禮。另外也有因應節日推出的特別商品，例如情人節巧克力、聖誕節禮物等等，絕對可以滿足粉絲們的購物欲。

店鋪名稱：くまのがっこう ジャッキーのゆめ　東京駅店
地址：東京都千代田区丸の内 1-9-1 東京駅一番街 B1F 東京キャラクターストリート内
電話：03-6266-5150
營業時間：10：00～20：30

ニシダシンヤ先生

graphic artist in Japan | 03

繪封筒，郵寄一份幽默感給你。
專訪日本插畫家ニシダシンヤ

寫好地址、貼上郵票然後投遞到郵筒裡，信封是日常生活中再也平常不過的物品了，不過當它來到日本插畫家ニシダシンヤ（Shinya Nishida）老師的手上，立刻搖身一變，成為令人讚嘆不已的彩繪信封。這一封又一封精心繪製、充滿溫度與手感的手繪信封，就是「繪封筒＝Efuto」。

繪封筒這股潮流可追溯到上個世紀六〇年代，從歐洲國家流行到日本，ニシダ老師並不是第一個創作繪封筒的人，不過，由於他的作品擁有極高的辨識性、獨樹一格的幽默感，幾乎每個看過老師信封的人都會對其作品留下深刻印象。ニシダ老師不僅是在信封上畫上插圖而已，他擅長將郵票巧妙地融入插畫裡，例如躲在電線桿後面的那隻貓咪、小學生手上的那本課本……都是一張張貨真價實的郵票，有時甚至讓人無法一眼看出郵票到底藏在哪裡。

當ニシダ老師初次將自己的繪封筒作品發表在社群網站推特（twitter）上時，短短三天之內立刻增加三千多位追蹤者，連老師自己都嚇了一跳。這股熱潮引起日本出版社的注意，邀請ニシダ老師推出繪封筒的相關書籍，日本郵局也邀請老師開設繪封筒教學課程，毋庸置疑的，ニシダ老師成功帶動一股新的彩繪信封熱潮。

讓人有點意外的是，ニシダ老師其實並沒有受過專業的插畫訓練，完全是自學的。為了讓讀者可以深入了解關於老師的創作心路歷程、繪封筒的彩繪方式，我來到老師的故鄉－香川縣，日本面積最小的縣，同時邀請ニシダ老師使用台灣的郵票來進行繪封筒創作，想要看到台灣郵票如何被日本插畫家使用嗎？請務必繼續往下看喔！

Q1：請和我們分享您是從什麼時候對插畫產生興趣的？以及，是如何踏上插畫這條道路的？

ニシダ：我小時候就很喜歡畫畫，會在考卷的背面，以朋友為主角畫成漫畫，同時在內心夢想長大以後要從事與繪畫相關的工作。不過並沒有上過專門學校，都是自學的。大概在19歲左右時，我有一段時間在跳蚤市場幫客人畫人像畫，某天，有個人對我提出邀約，他說「我要出書，你願意幫我畫嗎」，就這樣陸陸續續得到繪畫的工作了。

Q2：您在個人網站的自我介紹提及，曾當過六年的調酒師。「插畫家」和「調酒師」是兩個不同領域的工作，可否和我們分享這六年的調酒師生涯，對您的人生或是插畫生涯是否有影響呢？

ニシダ：在從事插畫工作時，偶爾會到大阪一條叫「ミナミ」鬧區街道的酒吧當調酒師。大阪人的個性，很多是很嗨的，喜歡笑話、也很愛說笑話，所以大阪人

總是能夠巧妙地將郵票融合在畫面裡！

「貓」視眈眈。使用貓咪的郵票，將貓咪想要吃魚的欲望傳達得淋漓盡致。

擋雨的課本。郵票變成小學生手上的課本了！勾起兒時回憶的可愛畫面。

螢幕裡的晴空塔。活用晴空塔的郵票，傳達「現在有很多人都是用智慧型手機拍照」的概念。

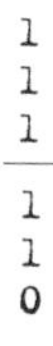

對笑話的標準非常嚴格。例如，聊天時提到「昨天在服飾店買了衣服」，類似這樣普通的日常對話時，會突然被問「那，請問這句話的笑點在哪裡？」。我會在插畫中融入幽默，或許就是在大阪被訓練出來的吧。（笑）

我認為世界上幾乎所有的工作都是「服務業」，無論是調酒師或插畫家，都是希望客人和觀賞畫的人能夠開心。插畫家看起來好像是只要會畫圖就能從事的工作，但是要能接到工作，更重要的還包括了「人與人之間的聯繫」。

Q3：您是在怎樣的契機下，開始創作繪封筒呢？請和我們分享您的第一個繪封筒作品。

ニシダ：開始創作插畫信封的契機，是偶然在書店看到和繪封筒有關的書，我很驚訝竟然有這樣的世界。由於我那時正在思考，有什麼東西可以贈送給長期合作的出版社，覺得繪封筒這個點子不錯。所以在寄每個月請款單給出版社的時候，開始在信封上畫上插畫。編輯部收到以後好像也滿高興的。

第一個繪封筒是使用5元的天鵝郵票郵票，之所以會選這款郵票，是因為它很容易買到，而且覺得它最可愛。

Q4：除了寄給編輯部，平常也會寄繪封筒給朋友嗎？

ニシダ：老實說，我平常沒什麼在寫信，所以除了請款單之外，很少在畫信封（笑）。e-mail 也是除了工作之外，幾乎都沒有在使用，連 LINE 都沒有。在電子化的現代，對於依然常常在寫信的人，應該要很尊敬吧！

Q5：請問老師目前收藏多少郵票了呢？是否曾經煩惱尋找不到合適的郵票來畫信封？

ニシダ：最近數了數手邊的郵票，竟然多達 800 種。不過就算有這麼多，還是缺少自己所想像的圖案，也沒有靈感，煩惱了好一陣子。我繪專心看著郵票，思考如何運用這款郵票來畫畫，再不行的話就看日本的郵票目錄，或上網瀏覽各種郵票尋找靈感。

Q6：您最近幾年在日本各地舉辦繪封筒工作坊，可否和我們分享您在教導別人繪製信封的心得呢？對於第一次嘗試繪封筒的朋友，有什麼建議嗎？

ニシダ：在東京、大阪、香川等地，目前為止已超過數百人來參加過繪封筒工作坊。有趣的是，大部分的人都說「我不會畫畫」，但只要拿起畫筆挑戰，都能畫出很棒的繪封筒。有很多人說從學生時代後就沒再拿過畫筆，但是大家都在工作坊玩得很開心。

我認為沒必要畫得很高超、很厲害。就算畫得不好，收到的人也會很開心吧，因為承載了寄件者的心意。能夠傳遞那份喜悅是最重要的，所以，我的建議就是請立刻嘗試看看。

Q7：您認為一位優秀的插畫家，應該具備怎麼樣的條件呢？

ニシダ：我自己的插畫也還沒成熟，所以不能說什麼。我認為好的插畫家要能回應對方（客戶）的期待，插畫就是不要過於主張。由於自己也還在摸索中，所以希望挑戰新事物，並經常變化。

Q8：您從事插畫工作多年，經驗豐富，請和我們分享您對於插畫家這份職業的感想。

ニシダ：我認為把難懂的事物變得容易理解，才是插畫的真正意義。插畫家就是把文章做重點整理的人。

Q9：對於想要從事插畫工作的朋友，您

會給予他們什麼樣的建議呢？無論是專業方面的繪畫能力，或是心理上的準備……等等。

ニシダ：關於繪畫技巧，我反而希望有人教我呢！我很後悔沒去上專門學校……。所以煩惱要不要從事插畫工作的人，建議可以先去專門學校上課。專門學校不只是提升繪畫技術而已，也是可以認識未來同業的地方。而已經在專門上課的人，請一定要好好珍惜朋友和夥伴，或許有一天會從朋友手上獲得工作機會。

Q10：最後，老師是香川縣人，相較於東京、大阪、京都等大城市，香川是比較少台灣人知道的地方。可否和台灣讀者分享一下您的故鄉呢？生活環境對於您的創作是否也有影響？

ニシダ：香川縣是日本最小的都道府縣，雖然香川有金毗羅守護神，但是最有名的還是烏龍麵，「讚岐烏龍麵」真的很好吃喔！很多日本人會從外縣市專門來吃烏龍麵。我住的附近比較鄉下，大家的生活步調都很悠哉。或許我的畫中，也呈現出一種悠閒感。（笑）

老師的第一個繪封筒作品，當時是以「想要贈送給編輯部禮物」的心情來繪製的。

ニシダ老師的郵票都妥善地收納在道具箱裡。

老師的四格漫畫作，每週五固定刊登在四國新聞社的網站上。

老師目前已收藏多達八百多款郵票。

about graphic artist

ニシダ老師愛用的文具大公開！

無印良品四格筆記本，是老師用來畫「かまタマくん」四格漫畫系列的專用筆記本，裡面都是滿滿的靈感。

燕子筆記本 Tsubame Note，日本經典老牌筆記本，用來記錄靈感與畫插圖。

MOLESKINE Plain Notebook Pocket。老師每天都會使用它來畫草稿。

FABER-CASTELL 油性色鉛筆。即使用到只剩一點點，老師也會使用鉛筆延長器繼續使用，相當物盡其用。

MARUMAN CROQUIS 線圈素描本，主要用來塗鴉或是打草稿，老師很喜歡內頁的紙張，吸水性良好，使用鋼筆在上面畫畫也很合適。

日本 Holbein 透明水彩顏料，顏色飽和，色彩豐富且價格實惠，是老師相當愛用的水彩。

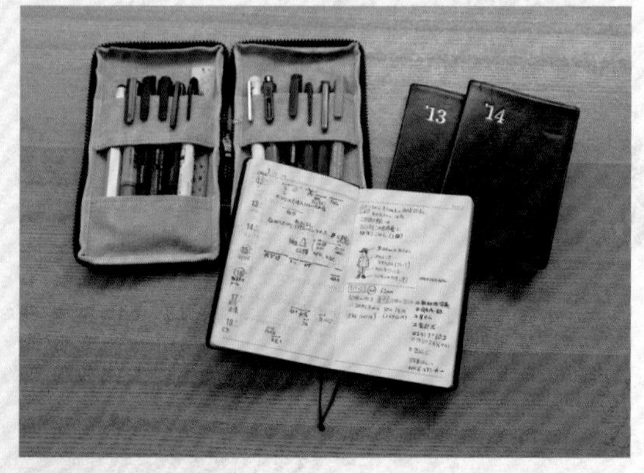

筆袋：つくし文具店原創筆袋。老師很喜歡這款帆布筆袋的觸感，打開筆袋，所有筆類文具都能一目瞭然，也是其優點。
手帳：NOLTY 日本能率手帳，已經連續使用三年了。

ニシダ老師的工作室大公開！

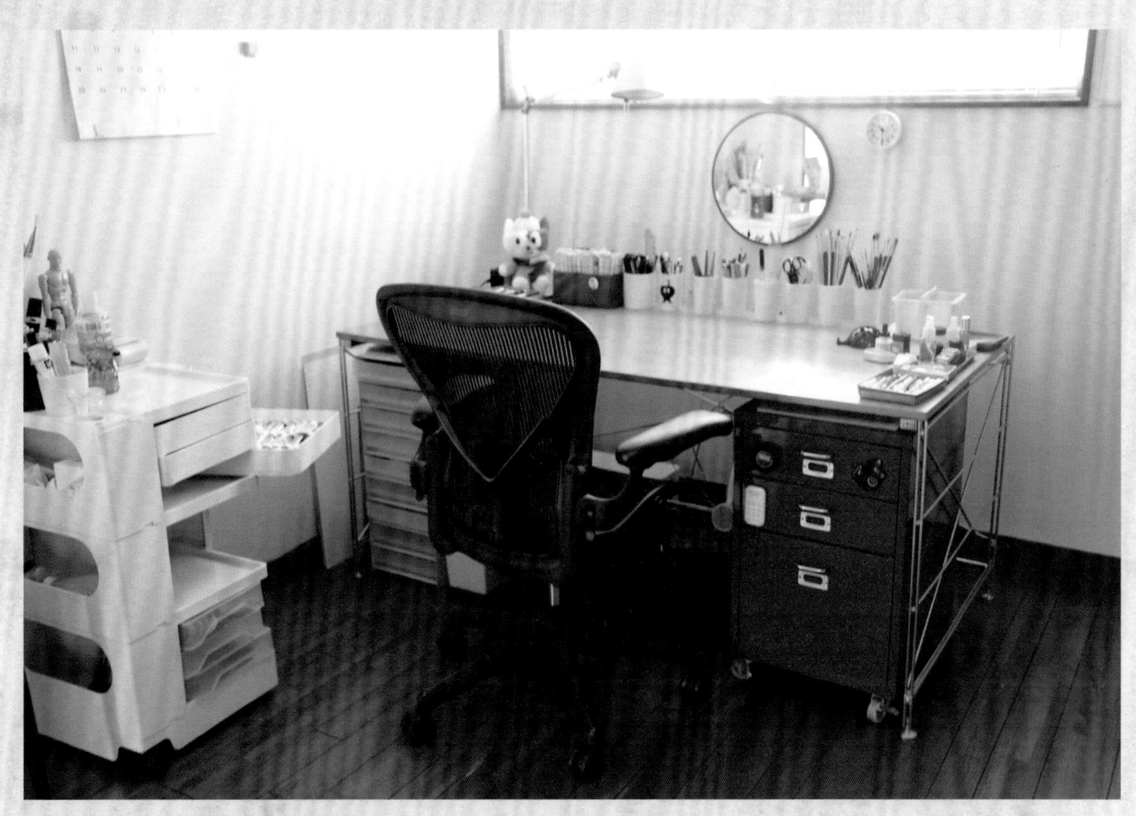

桌子前方掛有一面圓形鏡子，老師特別解釋道，這鏡子主要不是用來整理儀容的，而是在畫某些人物的姿勢的時候，可以立刻對著鏡子比出該姿勢，然後畫下來。

老師的工作室採光極佳，明亮且井然有序的空間，光是踏進去就讓人感到心情愉悅，桌上所有的繪畫用具都經過妥善分類、整齊地擺放在筆筒裡，這樣才能隨時找到想要的工具。

桌子旁邊的活動式收納櫃主要用來收納水彩顏料，讓人也很想立刻購入類似的櫃子。

使用台灣郵票來創造獨一無二的繪封筒吧！

為了讓讀者更了解繪封筒的產生過程，特別邀請ニシダ老師使用台灣的郵票來進行創作，看完以後，是不是也很想立刻購買郵票來彩繪信封呢？

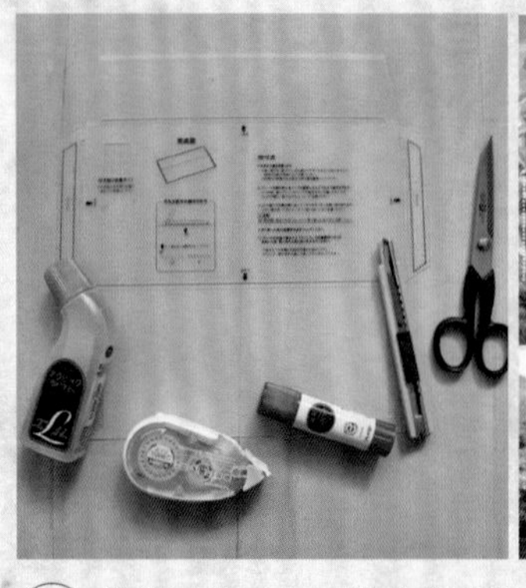

01 準備工具：口紅膠（或是膠水）、剪刀、美工刀、喜愛的郵票、信封模板、鉛筆、水彩、彩色鉛筆。（使用郵票：臺北市立動物園建園百周年紀念，郵票發行日期民國103年10月16日。）。

02 使用鉛筆，搭配信封模板，於紙上畫出信封的形狀，再使用美工刀刀背，劃過等等要把信封摺起來的地方。讓信封在摺起來的時候，線條可以更好看。

03 構思郵票的擺放位置，使用鉛筆打上草稿。

04 完成鉛筆稿以後的樣子。

05 用色鉛筆畫出線稿，再擦掉鉛筆稿。

06 使用水彩上色，儘量調出接近郵票本身的顏色。

07 待水彩乾了以後，用色鉛筆畫上陰影。

08 完稿以後，沿著邊下剪下來。

09 塗上口紅膠製作成信封。

10 最後再使用鑷子，小心翼翼地貼上郵票。

11 完成囉！由臺灣黑熊組成的棒球隊，優秀投手投出令人驚豔（或是說驚嚇）的變化球！

另外一款的繪封筒誕生過程！

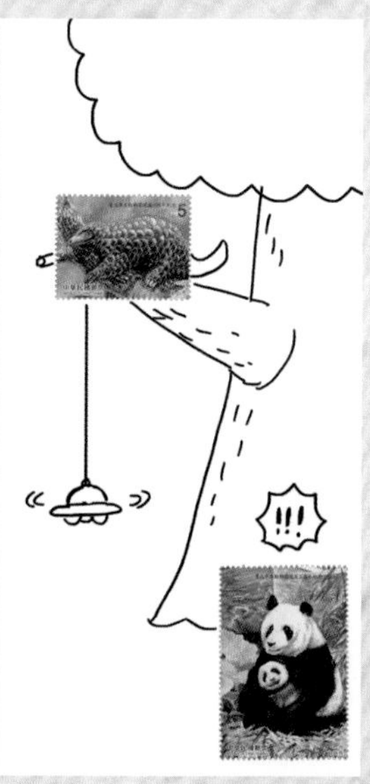

另外一款繪封筒的繪製過程，主角是穿山甲，還有圓仔與媽媽圓圓，創造出讓人會心一笑的信封。

about

ニシダシンヤ Shinya Nishida

個人網站：http：//nishida.tv
twitter：https：//twitter.com/24408

愛如繁花在書法裡盛開。

專訪花漾書法家（花咲く書道）永田紗戀老師

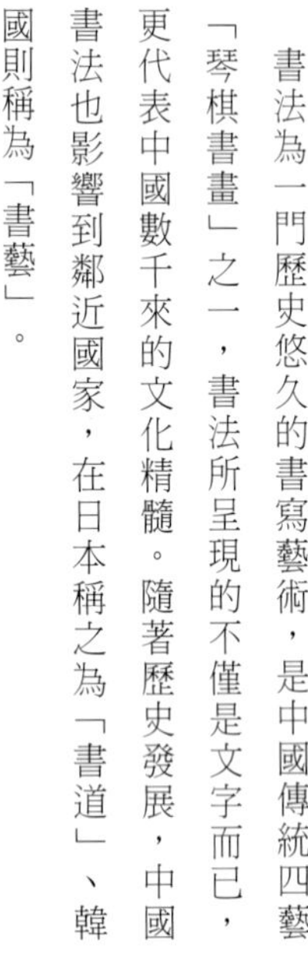

© Studio Saren. Nagata

書法為一門歷史悠久的書寫藝術，是中國傳統四藝「琴棋書畫」之一，書法所呈現的不僅是文字而已，更代表中國數千來的文化精髓。隨著歷史發展，中國書法也影響到鄰近國家，在日本稱之為「書道」、韓國則稱為「書藝」。

提到書法，你首先會想到什麼呢？一枝毛筆、一硯墨水、一張宣紙……也許還有一位留著白鬍子的長者正在揮毫。不過，當你看到永田紗戀（Saren Nagata）老師所寫的書法，立刻顛覆你對書法的既有印象。打扮時髦的永田老師，和時下許多年輕女孩一樣，喜愛漂亮的洋裝與指甲彩繪，很難立刻聯想到她是一位書法家。然而，當永田老師拿起毛筆，簌簌地寫出一個漢字，其全神貫注的神情與端莊的姿態，相當觸動人心，也不禁讓人感到好奇，她是如何走上書法家這條道路的？

現年34歲的永田老師從3歲開始揮筆學習書法，21歲取得日本書法教師的資格後，成為一位自由書法家。除了開課教授書法，永田老師陸續展開各式各樣的商業合作，例如設計「花之慶次名言錄」的落款、「壽司之磯松」等餐飲店看板LOGO、日本酒的酒標等等。

有別於傳統書法家，永田老師所寫的書法不單單只是文字而已，她的作品由兩個部分構成：先作「詩」，再繪出詩中的「字」。老師將自己身為女性、母親之情感呈現於簡短而清新之詩詞中，再發揮想像力，將插畫巧妙地融入到每個漢字裡。原本只有黑色的書法文字，在永田老師的巧手下，轉變為別具匠心的繽紛畫面。由於這些插畫大部分是雅致的花朵，因此被稱為「花咲く書道」，意思是「有花朵綻放的書法」（以下譯為花漾書法）。

花漾書法所選的漢字，例如「愛」、「幸」、「感謝」……等等，這些文字本身就很有力量，再加上百花盛開的插畫，真誠地表達永田老師內心深處的情感、詩意與溫暖。凝望永田老師的作品，常常能感受到畫裡面充滿愛的力量。

2012年，永田老師和位於台場的日航東京酒店展開合作，舉辦了多次個人展覽，將花漾書法介紹給更多人認識。這樣獨樹一格、色彩繽紛的書法作品，超脫傳統書法的框架，讓許多原本對書法興趣缺缺的人們也開始喜歡上書法了。隨後，永田老師更加花漾書法的運用於明信片、卡片、貼紙等文具雜貨之中，讓書法能夠更貼近一般社會大眾的生活。

隨著電腦的發明和普及，時至今日，許多人連硬筆字都不會太會寫了，書法更像是一位步履蹣跚的老人，無法追趕上時代的變化。這點真的非常可惜，書法藝術是藉由書寫文字來表現情感的藝術，不只是練字，更是一種情感上的修煉。

花漾書法的設計草稿與最終完成品。

永田老師設計的花漾書法明信片。

認真創作花漾書法中的永田老師。

如何不讓書法這門傳統藝術消逝在時間的洪流裡？該怎樣做，讓更多年輕一代的孩子們體會到書法的美？書法是否能有更多不一樣的表現方式？在永田老師的花漾書法裡，也許能夠發現一些答案。

墨香四溢的童年。

Q1：您從三歲開始學習書法，當時是在什麼樣的機緣下開始練書法的呢？是在什麼時候開始想要將書法當作終身志業？

永田紗戀老師（以下簡稱**永田**）：是因祖母的影響而開始的。三歲時，祖母詢問我想不想練書法，我說好以後，就開始走上練習書法的路了。三到五歲時都有去書法教室上課，進入小學後也持續地學習。那時候也有上其他才藝班，例如珠心算、電子琴、鋼琴等，但我對於讀書跟鋼琴這兩件事情可以說是完全不行，只有書法學得還不錯。（笑）

寫書法的時候，總是能讓我感覺非常平靜、放鬆，於是很喜歡寫書法，老師常常會稱讚我「寫得很不錯喔！」。只有在老師稱讚在稱讚自己的時候，我才會感到自己是很特別的，因為在班上，我是屬於那種沒太大問題、也沒有其他特別顯著優點的學生。唯有在寫書法時，會讓我稍微覺得自己做得很好、很特別。小學時代就有在想，書法說不定能成為自己未來的職業。

生命的轉捩點：從單調的黑色到繽紛的百花齊放。

Q2：您早期的作品是嚴謹的書法，是從什麼時候開始有所轉變，決定將繪畫融入到漢字裡？可否和我們分享這樣的轉變過程？

永田：這樣的轉變是來自於歲月的洗禮，以及成為母親以後，身份上的改變，使得作品風格也跟著有所變化。年輕時期的作品是非常嚴肅的，因為當時對人世間有太多疑問，內心困惑、煩惱很多，不時會感到迷惘與痛苦，所呈現出來的作品是符合當時心境的黑白畫面。

2009年升格為母親，女兒的誕生使我的人生有了非常大的轉變，過去這六年，加上懷孕一共七年間，想法變得很平穩，並想以樂觀的態度生活。

我原本就很喜歡畫畫，會選擇在書法中加入「花」這個主題是有經過慎重思考的喔！並不是隨意地在書法旁邊畫上花，也不是毫無意義地把花朵融入在書裡面，而是基於一位媽媽想起女兒時的心情。我希望女兒能成長地像花兒一樣亭亭玉立，於是在寫「愛」這個字的時候，加入了一些彩色的花朵，來表達內心對孩子的盼望，畫風因此漸漸明亮起來。

同時，我也開始注意到這個世界的美麗之處，熱切地想將這樣的心情傳達給女兒：「妳出生在一個很美麗的世界喔！」、「日本是個四季分明的國家，而且會綻放像這樣美麗的花朵唷！」。於是陸續在不同的漢字的旁邊加上花朵，後來就被人們稱為「花咲く書道」了。

花漾書法的文具與雜貨

Q3：您為花漾書法推出各式各樣的文具雜貨，例如桌曆、手帳、明信片和卡片等等，可否和我們分享您自己最喜歡的商品是什麼？

永田：目前推出明信片、貼紙等商品，這些都是自行設計，再委託給其他公司生產製造，個人最喜歡的是「感謝」系列的卡片。年輕時的自己盡量不依賴他人，面對任何狀況，幾乎都是一個人努力咬緊牙根完成。生下小孩後，我也告訴自己不能一直依賴他人了，但是因為手上抱著孩子，常常還是有自己一人無法處理的狀況，得一直向周遭的人提出請求，很感謝大家給予我的協助。

只說「感謝」二字很難表達自己內心滿滿的感恩，因此畫出了花田，想要傳達的概念是：「我的心裡盈溢了滿滿的感謝，就像百花盛開的花田」。並以此為契機，開始運用於明信片、信紙組的商品等。

Q4：書法與漢字密不可分的關係，花漾書法中常常可以看到「愛」、「希望」這些充滿樂觀的漢字。請問您自己最喜歡的漢字是哪一個？

永田：這個問題有點難，需要想一下……（老師很認真的想了好一段時間）。

最喜歡的漢字是「戀」，這也是自己的筆名「紗戀」的其中一字，現代的日文是寫成「恋」字，但是我還是喜愛舊時的寫法。

若把戀這個字拆開來看，可以分為「糸、言、糸、心」這幾個部分，「糸」在日文是「いとしい」，同樣也有愛的意思喔！所以日本人過去在講解「戀」這個漢字的時候會說：「戀は糸し糸しと言う心」，戀，就是傳達愛的心情。

我覺得這樣的解釋擁有很美的意境，因此很喜歡這個字。

隨身攜帶的筆記本是創作的基石。

Q5：在創作花漾書法的時候，您覺得最困難的部分是什麼？而您是如何面對的？

永田：最困難的部分是從無到有的過程，很需要靈光乍現的那一刻。（笑）我會先打草稿，不會直接使用毛筆來創作，而是隨身攜帶一本筆記本，只要稍微有點靈感，立刻用鉛筆迅速地畫下來。

和朋友見面聊天時，或搭乘電車時，常常是最容易有靈光乍現的時候，我會告訴自己：「要畫囉！」，然後不會想太多、一口氣畫出來。我認為這樣會比一直定格在書桌前思考還要好，邊散步邊思考也是一種方式。

在繪製生日卡片的時候，我會思索什麼樣的人會拿起這張卡片呢？盡可能去考慮到使用者的心情，就這樣一邊想、一邊畫。

圖片說明：明信片的鉛筆草稿與完成品。

永田老師表示，當客戶有要求時，必須得提出高於對方想像的東西，要提供很多形式的樣本給客戶，讓客戶從中挑選，最後做成定型化的卡片。

書法藝術的推廣

Q6：除了書法創作，您也有開班教授書法，請和我們分享開課的心得。

永田：來上書法課的學生是以40歲到60歲的女性為主，我常常和學生說，「用心」是重點，如果能用心的畫，就能夠想像，想像力是最重要的，反而不太需要技術。當然我還是會努力教導學生們畫圖方式等的技術，但技術畢竟是日後可以想辦法教會的，最重要的是要有想像力。

某堂課上有八位學生，大家在沒有範本的狀態下一起繪出「愛」這個字，讓學生畫出

© Studio Saren. Nagata

© Studio Saren. Nagata

自己所想像的愛，每個人想的都不一樣呢！我會先讓學生思考愛是什麼，例如想像愛的時候，不是會有顏色嗎？即便這個人所想像的顏色和其他人不一樣也沒關係，不一定是要主流的紅色或粉紅色才是愛的顏色。大家自由創作，然後再一起看成品，從中進行很多交流。

學生中有一直持續練習書法的人，也有小學畢業後就沒碰過的人。在日本的話，小學是百分之百一定都要寫書法的喔！書法是規定的課業之一，但只持續到國中而已。在這之後，應該有八成的人就不再碰書法了。我想大部分的人都很討厭寫書法吧！因為臨摹時必須寫成完全一樣。還有姿勢，常常會被提醒要坐正，氣氛是很嚴肅的。

我只會在學生寫字時提醒「請坐正！」，可是當大家在畫圖時，就可以比較隨意了。（笑）

笑聲不間斷的書法教室。

Q7：那麼，您心目中理想中的書法教室是什麼模樣的呢？

永田：提到日本的書法教室，一般認為是在安靜的教室中，大家正襟危坐地在寫書法。但「花漾書法教室」是一個會讓學生們不斷驚嘆與密切交流的地方，是一間最後會讓人們帶著笑容回家的教室喔！我做的事並不是提供範本讓學生臨摹，而是練習在書法上增添色彩。

這也是自己一直以來想做的事，我想成為創造這樣的地方的人。雖然小時候是被書法教室裡的安靜氣氛所吸引，但如今這樣的書法教室已經很多了，如果讓我開書法教室，我會想做不一樣的事，做一些只有我做得到的事。

在這裡大家都很健談，充滿笑聲，最後看成品時驚奇不斷，我想要開的教室就像現在這樣，人人帶著笑容，盡情交流、享受的地方。

走過創業初期的不安。

Q8：將創作當成正職工作是許多人的夢想，但卻也可能面臨工作不穩定的情況，您是否曾經有過類似這樣的不安心情？是如何克服的？

永田：以前會，不過現在沒有這麼不安了。一開始的確會很煩惱，常常會在心裡想「真的只有這樣就可以了嗎？」之類的，常常有徬徨不安的時候。

我想即使是在一般公司上班的員工也是一樣吧，大家或多或少都會有經濟上的不安。不管在哪裡工作，難免會有類似的擔憂，像是擔心公司倒閉、自己可能會被裁員等等。既然無論怎樣選擇都會不安的話，那我要做自己最想做的事！

從自己獨立創業、進行書法的買賣已經超過十年了，創業初期時幾乎快把儲蓄都花光了，那時也真的有些緊張，不知道下一步要怎樣走。而克服的方式，就是去坦然面對，想辦法接到更多合作案件。只要是情況許可的話，所有的案子幾乎都承接下來，我不太會去挑選客戶，無論怎樣的合作案件，都盡可能去挑戰繪製。

現在比較沒有對於工作上的不安，只是邁入三十歲以後，體力不像二十歲時那麼好了，現在是對體力稍微感到不安而已。（笑）

Q9：創業初期曾經歷過什麼挫折嗎？而那些挫折帶來什麼樣的影響？

永田：創業最初的三到四年之間，曾有很長的一段時間是幾乎沒有工作的，所以現在只要有客戶願意和我合作就會很感謝。真的非常感謝。

創業初期還沒有聘請員工時，為了讓更多人看到自己的作品，需要自己跑業務，攜帶書法作品去和很多的客戶做介紹，真的很辛苦，被委託指定畫法的時候，心裡會偷偷想「可是，我的作品風格就是這樣啊！」現在都讓業務去做接洽了，非常輕鬆。

然而現在回頭看，當初若沒有經歷過那段毛遂自薦的時光，也不會有現在這個狀態，這一切並不完全是我個人的力量，而是因為有許多人一直在支持自己。

Q10：近期的工作心境是如何呢？

永田：最近有接到一些比較難的案子，忍不住會在內心大喊：「什麼～這個？」，整個人會有燃燒起來的感覺，會想盡全力好好挑戰。

過去的我幾乎不會限定合作的題材與形式，不過最近也有客戶全權委託給我製作喔！隨著接案數量多了後，只要有人說「那就依照紗戀的意見做吧！」就會非常高興，因為這是對於作品的高度肯定，也是很深的信賴感。最近完全不用修正就定案的案子也變多了，很開心！

「我希望自己的工作能夠為他人帶來歡笑與幸福感，這也是自己在寫書法時最大的動力。」

作品風格是繽紛，工作風格是嚴謹。

Q11：身為一位藝術家在進行自由創作的時候，和客戶進行商業合作的感覺應該太一樣，可否和我們分享您在商業合作方面的心得？

永田：自由創作和依據客戶的需求來作畫，的確是不一樣，甚至可以說幾乎不一樣。個人原創作品的話，就可不受限制，自己想畫什麼就畫什麼，然而商業合作案件就不行，要製作出客戶喜歡的樣子。雖然現在有員工的協助，但大部分的責任還是在自己身上。

和不同客戶合作的時候，我最注重的是：嚴守交稿期限以及掌握交稿速度。這十年間光是為了取得信任，一直督促自己嚴守交稿期限。假設客戶要求某天要交件，就算有很大的難度，也一定會努力在客戶要求的那天提前交件，無論如何都要交出稿件，絕對不遲到，這樣才能建立信用。

因為我非常渴望以這個工作為主業，所以努力建立起值得信賴的形象，像是「如果是紗戀小姐的話，可以很快幫我完成」、「如果是紗戀小姐的話，就算要求色彩再豐富一點，也不會露出討厭的表情，會回答『是』然後進行修正」的感覺。希望能得到客戶的完全信任，讓大家感受到我是配合度很高、很負責任的書法家。

在客戶要求與自我風格中尋求平衡。

Q12：當客戶針對作品提出修改需求，您

是否會感到挫折呢？如果客戶提出的要求，和您自己喜歡的風格不一樣，您會如何和客戶溝通？

永田：被對方要求修改自己的作品時，的確是非常震驚及受傷的……。但是，我畢竟不是全靠個人原創作品來經營書法事業的，所以還是要站在客戶的角度去思考。

當有客戶提出要求變更繪圖內容、而這個要求是自己不太能認同的時候，像是對方想要使用的顏色，自己認為不太適合用在這個主題上，答覆方式就很重要。完全沒有自尊，就無法提出自己的看法，關鍵在於如何不卑不亢地表達看法。

我的作法是盡可能配合，再從中傳達我的想法，進行不斷地溝通，最後一定會有折衷方案的。

自律，才能更自由地創作。

Q13：對於藝術工作懷抱夢想的後輩，您有什麼樣的建言呢？

永田：能夠從事自己喜歡的工作很棒！不過我想強調的是「在這條路上要對自己嚴格一點喔！」。

許多人對於藝術家者的想像是「上下班時間很隨性、可以想工作的時候才工作」，可是以我來說的話，實際上絕非如此。

因為有小孩，只能利用孩子去托兒所的期間工作，大概是上午九點到下午三、四點，這段時間就馬不停蹄地工作。但時間往往是不夠用，所以我很早起，利用孩子還在睡覺到去托兒所中間的時間工作，孩子起床後再送去托兒所。我做了很多時間上的調整，只為了持續從事這份工作。

雖然很珍惜與孩子相處的時光、也盡力當一位完美的母親，還是無法面面俱到，有時候會因為疲倦，無法好好準備料理，只好和小孩一起吃微波食品。我也不是一位很能幹的人，偶爾會不小心在孩子面前說「啊！不行了！好累啊！」之類的話。

可是在工作上，我是絕對會盡力完成。面對工作，必須嚴以律己，如同剛剛說的，要嚴守交稿期限，不能因為自己的私事而有任何的怠惰。嚴以律己，才能得到更多合作機會，讓這條路走得更寬廣。

珍惜人與人之間的實際交流。

Q14：您擁有許多的接案經驗，可否建議後輩，在和客戶在討論商業的合作，有什麼地方要注意嗎？無論是溝通技巧，或是心態上的調整？

永田：我每次都是懷抱著「日後也能承接相同案主的案子」的心態來進行接案。我相信一定有畫得比我更好的人，所以要給客戶「遵守交稿期限」、「不限題材」、「很好合作」的感覺。同時，不是只把這個案件當成賺錢的機會，而是當作人與人之間的交流機會。

面對面的交流是很珍貴的，雖然現在有手機、電腦，即便從頭到尾沒有見面也能完成案子，但我還是會盡可能約出來見面。交談的過程中，比較可以得知對方正在追求的事物，再慢慢地把話題推展到「最近過得好嗎？」之類的私人話題，可以加深彼此的信賴感。這樣子做，不只是為了接到案件而已，也能讓工作的時間更加快樂、更有意義。

之前常常會和案件的負責人變成朋友，作品完成時，大家約去喝酒、吃飯，像是慶功宴一樣，會很開心。

若是信件上談不攏，可能之後就完全沒有下文了，還滿可惜的。年輕的自由工作者在接案的時候，能夠親自見面會比較好，這樣是對於人際關係的磨練。

永田老師的書法示範。

準備工具：
書法道具，顏料，顏料盤，明信片紙。

01 思考文字與花朵的位置，先畫上畫朵。畫花時有個重點，花瓣要描繪得美一點，也要掌握花瓣與花瓣之間的距離。

02 以毛筆書寫文字。

03 落款與蓋章。永田老師特別提醒：一件正式的書法作品，有很多細節要注意，簽名位置在哪裡也要格外留心，以整體和諧為宜。

完成！

將書法作品製作成卡片。色彩繽紛可愛，但又不失莊重感，寫給長輩也很適合喔。

about

「我沒有辦法想像自己若不是書法家的話，
人生會是什麼樣子……因為這就是我最愛的工作。」

永田紗戀
官方網站：http://www.saren.net/

當藝術成為日常生活的一部分。專訪日本迷你版畫家，森田彩小姐&小牟礼隆洋先生

一幅版畫只有約四張郵票拼湊起來的大小，有些甚至只有一個橡皮擦的大小，讓人忍不住驚呼「太可愛了吧！」。

這些可愛的迷你版畫雖比一般畫作小，但是細節可沒有偷工減料，無論是表情俏皮的狸貓、溫柔婉約的女子，均擁有細膩的表情變化、豐富的色彩、質樸的線條……。最特別的地方是，每張版畫還有量身定做的迷你木質畫框，讓這些版畫不只是可愛而已，更多了一份創作者「用心做到最好」的心意。

這些小巧精緻的畫作出自於日本畫家小牟礼隆洋（Komure Takahiro）先生與森田彩（Morita Aya）小姐，兩人平常以「小さな版画絵 ayako」的名義在日本中部名古屋一帶的小店或手作市集舉辦展售會。由於他們所創作的版畫幾乎都在15公分以下，「小」成為他們作品最明顯的特色。

什麼是版畫呢？利用各種版材如木板、膠版等來創作一幅畫，就是版畫，換句話說，版畫集合了「繪畫、雕刻與印刷」三種技能。

以凸版的版畫來說，一般流程為先構圖、打好草稿，將草稿轉印到版材上，再以雕刻刀削掉不需要的版面，保留需著色的版面。製版完畢後，於版材上塗上顏料或是油墨，最後以拓擦或壓印的方式轉印於紙張或布上，即可得到一個畫面。日常生活中的印章、鈔票，均是運用版畫的原理。

與一般直接繪圖的畫作相比，版畫的製作過程往往是較為繁複的，所需動用到的工具也比較多，不只考驗畫家的構圖能力，更考驗畫家的雕刻技法與上色技巧，一幅版畫所耗費的時間常常是超乎想像的。

許多人對於購買畫作這件事情的印象是「應該是專門的藝術收藏家才會想買原畫吧」、「原畫的價格昂貴，無法輕鬆購買」。若真想把畫買回家收藏，還得考慮到是否有家裡是否有足夠的展示空間，對租屋在外的人來說，也不太方便直接在牆上釘釘子來掛畫。

不過若是迷你版畫的話，就能順利解決上述問題。版畫擁有真蹟可以複製的特色，其價格通常比一般畫作低，是一般民眾比較能夠負擔的價格。因為尺寸很小，不一定要掛在牆上，可以隨意裝飾在辦公桌、餐桌或是臥房裡，還可以搭配其他雜貨小物，混搭出不同的風格。

而這也正是小牟礼先生與森田小姐的創作初衷，兩人畢業於藝術大學，一直希望能讓藝術走進一般人們的日常生活。他們創作了小尺寸的版畫，將版畫視為可愛的雜貨，而不是讓人有距離感、只能收藏在美術館的藝術品。

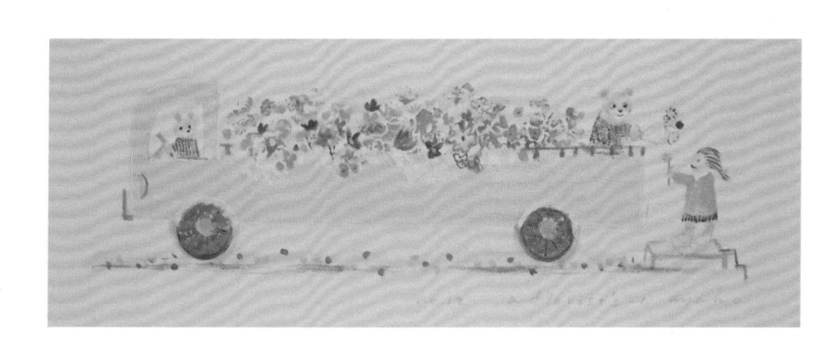

1 個展的 DM 明信片，會擺在其他商店供客戶索取。

2 迷你的版畫很適合當作桌上的擺設品。

3 最小的版畫僅有一個橡皮擦的大小！

4 兩人相識、合作多年，已經擁有十足的默契了。

想要更了解這些藏在方寸之間的創作故事嗎？請繼續往下看。

Q1：請和我們簡單自我介紹，您們兩位是如何認識的呢？

ayako：小牟礼隆洋1977年出生於岐阜縣，目前居住在長久手市。森田彩1975年出生於名古屋市生，目前居住在名古屋，是道地的名古屋人。

我們兩個人都是畢業於名古屋藝術大學美術系之自由畫家「彼此相識」，相識於大學時代，都很喜歡名古屋獨特的文化與美食。因為彼此很投緣，所以展開合作，從2007年開始製作小型版畫，現在已經邁入第八年了喔！

Q2：您們是如何進行版畫上的合作？請和我們分享您們的分工方式。

ayako：迷你版畫的過程是相當繁瑣的，我們兩個人會一起思考作品的配置、圖樣；再將作業內容分開來進行，森田負責製圖，小牟礼負責製作畫框，這樣的分開模式可以提高版畫的完整度，即使是小小的版畫，也擁有自己的畫框。

Q3：一開始為什麼會想要創作迷小尺寸的版畫呢？

ayako：我認為「小巧」跟「可愛」是有相關性的，原本大家認為應該是某種尺寸的東西忽然變小了，往往就會讓人產生可愛的感覺。

另外就是考量到實際展示的問題。現在的居住形態改變，像是東京這樣人口密集的城市，許多人的居住空間是非常狹小的，但是我認為無論是多狹窄的空間，都是可以裝飾的。「不要因為空間小而放棄佈置的心情。」是我們的想法。

因此與其說是用版畫來裝飾，還不如說是如使用雜貨般，以平易近人價格輕鬆地創造出各種裝飾風格。大家會到雜貨小店購買如小房子、玻璃瓶、娃娃等來裝飾房間不是嗎？我們認為小型版畫是可以生活更加豐富的物品，希望大家也是懷抱這樣的愉快心情來擁有迷你版畫。

Q4：您們創造了小型版畫，更

版畫的迷人之處就在於「擁有豐富的套色」，儘管都是由一樣的膠版蓋印出來的，但隨著色彩不同，給人的感受也不同。
今年是羊年，森田小姐因此特別設計了「綿羊打毛線」的版畫。

為版畫打造迷你畫框，請問迷你畫框的主要材料是什麼？製作畫框過程是否有感到困難或是辛苦的時候？

ayako：畫框的材料是以檜木為主，使用了如木蘭、貝殼杉、山毛櫸⋯等各種木材。為了讓小型版畫有整體感，以較細的木材製作是很艱難的，沒有掌握好力道的話，很容易把木材弄斷。因為迷你版畫是很小的物件，背面還要釘上鉤子，需要更用心且正確地製作。

版畫包含畫框，全部都是手工製作，而非大量訂購的畫框，這樣的手作感覺是獨一無二的。只要抱持著這樣的想法創作，也會樂在其中，亦不太會感到辛苦。

為迷你版畫製作的畫框，細節一點都不馬虎。

Q5：創作時，是否會有感到迷惘或是疲累的時候？

ayako：會有疲憊的時候，但因樂在工作，故不太會有迷惘的時候。感到疲倦的時候，就外出散個步，悠閒地慢活一下，讓自己透透氣，適時放鬆是必要的。

Q6：請問您們最喜歡的畫家是？

ayako：芹沢銈介與竹久夢二。芹沢先生是日本二十世紀重要的染色工藝家，也是國寶級大師，創造出許多深具個人特色的「型繪染」；竹久先生是日本重要的畫家、詩人，他的畫都很美。

Q7：身為創作者，您們如何保持靈感的來源？

ayako：常保持內心的平靜。無須特立獨行，自然能從有自信的生活中找到創作的靈感。內心如果不安定、很喧擾，就容易收到干擾，無法專心創作，所以要讓內心保持平靜。

Q8：您們會如何用一句話來形容自己的作品？

ayako：「如於房內裝飾花朵般，可作為增添生活色彩的雜貨使用之繪畫。」

Q9：您們擁有豐富的開展經驗，在不同的雜貨小店開展與販售，您們喜歡在怎樣的店鋪開展？在準備個展時，什麼是您們最注重的地方？

ayako：如果那家雜貨店有上架我們自己也會想擁有的商品，例如可愛、親切的商品，或是整體氣氛讓人流連忘返的店家，就會想和這樣的店家合作，辦個展或是寄賣。展覽時，會努力做出符合季節的作品，或是能配合店家氣氛之展示品。例如冬天，就會特別創作出有冬季感的版畫。

Q10：舉辦個展時，有什麼印象深刻的事情嗎？

ayako：很多客人會把畫作當禮物送人，讓我們感到非常開心。客人將迷你版畫購買回家後，會把它們放置於家中的樣子拍下來與我分享。曾經遇過小學生把零用錢存下來，為了選擇要買哪張版畫而非常困擾的樣子，在旁邊看，覺得實在可愛了。

不私藏，
版畫製作過程大公開！

為了讓各位讀者更加了解版畫的製作過程，特別在這裡分享版畫是如何誕生的。

使用工具：
鉛筆、顏料、雕刻刀、
轉印紙（複寫紙）、膠版

01 先在紙張上打好鉛筆草稿。

02 在紙張與膠版之間墊上複寫紙，使用藍筆沿著鉛筆稿的圖案畫製，這樣圖案就能轉印到膠版上。這裡要特別注意，因為蓋印作品呈現為原設計圖左右相反圖案，所以繪製前要先將圖形反置。

03 使用雕刻刀，延著草圖的線條，將不要的部分割除乾淨。

步驟圖照片提供：森田彩小姐

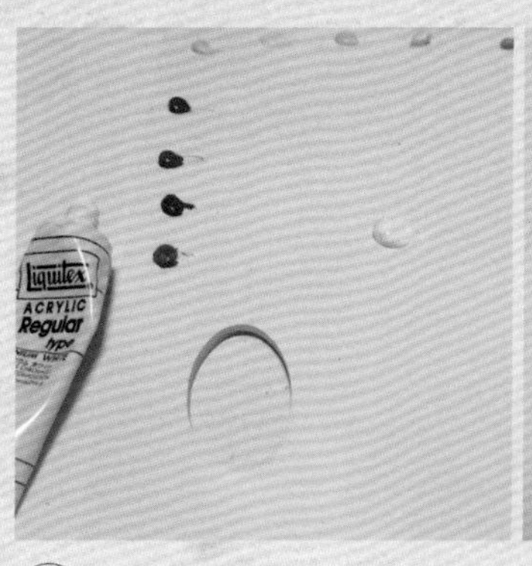

04 調製顏料的濃淡，在製作完成的膠版上，塗上油墨或是顏料。

05 將塗好油墨的顏料蓋在空白紙張上，完成第一步的壓印。

06 等到張紙還有膠版的顏料皆已完全乾燥，再塗上其他區塊所想要呈現的顏色，進行第二步的壓印。

07 將其他想上色的區塊塗上顏色與壓印，此步驟需要耐心喔！

08 轉印的過程中可以思考許多不同的顏色組合方式，相當有趣，這些都需要不斷的嘗試與練習。祕訣在於善用對比色，以及留意淺色與深色搭配。避免全部都是淺色調或深色調，可以讓畫面更有層次感。

09 最後，細節的部分要以非常細的筆手繪完成。

每張版畫最後會再加上由小牟礼老師製作的木質畫框，讓作品更加完整。

不私藏，佈展流程大公開！

你／妳也想要在雜貨小店或咖啡店舉辦個展嗎？佈展時有哪些佈置的祕訣呢？森田小姐表示，他們會和店家一起討論如何佈置展示空間，妥善利用店內正在銷售的雜貨一同佈置，讓作品更能融入整家店的氣氛。快來看看佈展有哪些技巧，這些技巧不只可以運用在辦展覽上，也可以用來布置自己的房間唷！

本次合作的店家位於名古屋的本山站附近，販售歐洲古董雜貨的「Robin's Patch」，店內充滿各式各樣的雜貨與老物，就連家具也是古董，充滿懷舊氣氛。

將抽屜、迷你板凳、置物櫃等先搬到桌子上，再放上迷你版畫。

佈展之前，先將桌面淨空，鋪上桌布。

祕訣一

利用桌上型的抽屜櫃，創造出能讓客戶享受尋寶樂趣的空間。

祕訣二

善用籐籃與有蕾絲點綴的隔熱鍋墊，將版畫放在籃子裡，營造出可愛的氣氛。

祕訣三

使用迷你板凳、杯墊與花飾，讓陳列方式更豐富。

祕訣四

使用充滿質感的透明玻璃盤來擺放版畫，因為是透明的盤子，完全不會搶走版畫的風采。

祕訣五

將版畫放在充滿懷舊感的古董熊娃娃上，讓人會心一笑。

佈置完成囉！

before

after

about

小さな版画絵 ayako 網站

http://ayakohanga.exblog.jp/

Robin's Patch

http://www.robinspatch.jp/

齋藤娟代小姐
余村洋子小姐

graphic artist in Japan | 06

插畫與手作，實現兒時的夢想。
專訪阿朗基阿龍佐原創作者：齊藤絹代小姐&余村洋子小姐

如果你喜歡到東京的自由之丘、代官山等地區尋找充滿原創風格的雜貨，大阪「南船場」這一帶絕對不會讓你失望，從心齋橋信步走來僅需五分鐘左右，許多深具特色的店鋪就隱藏在巷弄裡。

在這裡，有一棟風格簡約、卻又令人忍不住駐留欣賞的建築物，此棟大樓是日本知名建築家安藤忠雄先生的作品之一，以清水混凝土的方式完工，擁有樸質的氣息；建築物的窗戶與綠化的陽台透過妥善的設計，呈現幾何圖案之美。

建築物一樓，有可愛的河童、兔子或熊貓，正舉起手和路人打招呼，這些充滿原創的插畫，就是風靡日台兩地的阿朗基阿龍佐（日文原文：アランジネット）。

阿朗基阿龍佐到底是指誰呢？其日文官方網站，寫下了這一段介紹。阿朗基，**Aranzi**的父親是墨西哥人、母親是日本人。**10**年前與**Aronzo**開始進行共同創作。目前居住於美國，並任職於證券公司。阿龍佐，是挪威、越南混血的印度人。目前正在環遊世界中，過著流浪的生活。本業是鈴鼓（**Tambourine**）演奏家。

煞有其事地介紹，讓人半信半疑，不過點進網頁的下一頁，可以看到原創角色「胡說八道」，露出像是惡作劇的表情，得意地表示以上騙你的啦！隨後才附上正式的公司介紹，阿朗基阿龍佐是由齊藤絹代小姐及余村洋子小姐兩姐妹一同在日本大阪成立的公司名稱，也是品牌名稱，兩姐妹從**1991**年合作攜手至今，至今已滿**24**年了。

這樣小小的開玩笑方式，流露出大阪人普遍注重幽默感、喜歡搞笑的特質，對大多數的大阪人來說，沒有惡意的小玩笑是日常生活的必需品。如果稱讚大阪人很帥或是很漂亮，他們不見得會感到得意，但若是稱讚他們「你好有趣！」、「你好有梗！」，往往能讓對方引以為傲，難怪大阪地區流傳一句話「最幽默的人也就是最受到尊敬的人」。

在阿朗基阿龍佐的原創角色當中，常常也能感受到類似這樣的小小幽默感，像是擁有高人氣的「壞東西」，有點壞、卻又讓人不會感到過分邪惡的眼神，總是能吸引到人們的注意力。也許這正是阿朗基阿龍佐的

阿朗基阿龍佐在大阪南船場的本店，是知名建築師安藤忠雄先生設計的。

1 姊妹一起攜手創造了阿朗基阿龍佐。

2 繪畫部分主要由余村小姐負責。

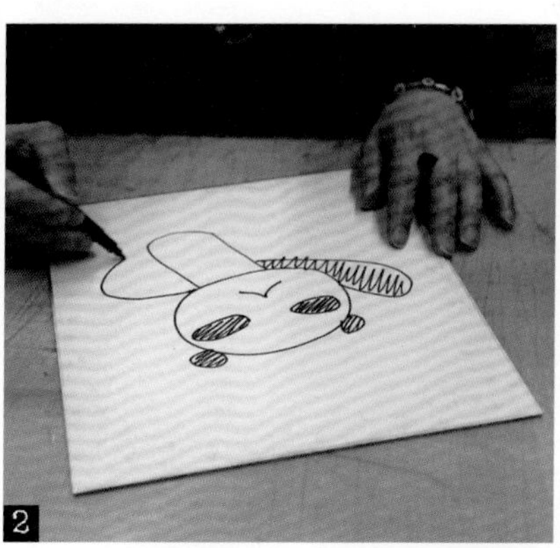

3 河童君、壞東西、白兔妹、白貓、熊貓哥 ...... 你喜歡哪一個呢？

4 「阿朗基愛旅行」展覽於 2014 年 12/27~2015 年 03/22 在台北華山展出，吸引大批的觀眾參觀。

5 參觀門票設計成機票的模樣，讓人有旅行的感覺。

魅力之所在，不只是可愛、不只是療癒，更有一種讓人詼諧的趣味性。當幽默具有善良的意念，才能讓人會心一笑。

一開始只有兩個人，在公寓的房間裡以手工製造的方式設計與生產產品，慢慢發展成有二十幾位員工規模的公司，在東京、北海道、福岡等地均有分店，在台灣也有咖啡兼雜貨的複合式店鋪、旅館。儘管現在的阿朗基阿龍佐有一大票忠實粉絲，兩人卻相當謙虛的表示她們只是做自己喜歡的事情，擁有一間小小的公司而已。

開設公司是姊妹倆從小就立下的夢想，能夠完成兒時的夢想實為不易，讓我們一起來了解她們的圓夢過程。

從幼時萌芽的夢想。

Q1：請問您們是從什麼時候開始想要一起合作經營一家公司的呢？是否從小就很喜歡畫畫或是雜貨？

A：我們的父親經營一家小型公司，母親在一家小店幫忙。受到父母親影響，我們從小就很想擁有自己的公司或是店鋪，只是要到底要成立一家怎樣的公司呢？小時候還沒有什麼概念，只是我倆從小就很喜歡塗鴉、畫畫，以及製作一些手工藝品，這樣的喜愛是從小就開始的，且一直持續到現在。

Q2：那麼，是在怎樣的情況下成立公司的呢？

A：我們原本各自擁有的工作，不過，下定決心要成立公司以後就辭職了。當時在討論成立公司時，對話像是這樣，「好！我們一起來成立公司吧！」、「我們一起來做一些自己喜歡的事情吧！」、「好耶！」、「聽起來不錯耶，一起執行吧！」……。就這樣你一言我一語的討論，將成立公司這件事情付諸行動了。我們是先決定要成立公司，才去細想公司的內容。

姊妹之間的合作之道。

Q3：請問姐妹倆如何一起進行合作？

A：我們會不斷地溝通，談不上是正式的會議，如果其中有一人提出一個提案，另外一人不反對，就由提案的人負責，簡單來說「妳想要做就去做，我想做就是我來做囉！」。

所有插畫基本上都是由余村小姐來負責，把余村的插畫做成各種雜貨商品主要是由齊藤小姐規劃，換句話說，你可以這樣想像：余村負責「平面」的設計，而齊藤負責「立體」的設計。販賣商品、物流或是採購的工作則是交給員工。

Q4：創業初期最困難的部分是什麼呢？

A：應該就是姐妹之間的吵架或是鬥嘴吧，小時候還沒成立公司以前就會吵了（笑）。

不論是工作或是生活方面，難免有意見不合的時候，就會吵起來，但隨著年齡漸長，現在都是大人了，吵架次數也減少了。余村小姐搬到東京以後，我們分開居住了，一個在大阪一個在東京，實際見面次數不多，可能因為距離而產生美感，現在比較不會吵了。

日漸茁壯。

Q5：從兩個人的家庭式手工業，發展成有二十幾位員工的公司，您們認為如何掌管員工的部分？聘請員工一同工作的感覺況如何？

A：最初將工作交代給員工，並且要求他們完成哪些事情或是達到哪些標準，不過後來發現效果並不明顯，與其強制定出落落長的準則，不如讓員工自動自發去做，讓員工意識到「不這樣做是不行的喔」，這樣自我約束的能力能讓工作更有效率。

將某些工作的原則交代清楚後，就放手讓員工去做，現在員工都會主動去想一些方式，例如可以讓工作變更好的方式。

雖然和員工的感情沒有到「如膠似漆」那麼誇張，不過員工們很認真的工作，很喜歡這樣大家一起認真工作感覺。

Q6：如果現在遇見創業初期的自己，會想對當時的自己說什麼嗎？

A：因為當時還不知道公司將來會變成怎麼樣，可能會變得忙碌，可能不會，總之就是要加油，不會特別想對那時候的時候說任何話，會讓當時的自己自由發展。

Q7：請分享您們在經營公司的時候，經營理念是什麼？

A：經營理念就是「想做去的事情去做」！這樣可以算是經營理念嗎？（笑）

不只是要做自己會喜歡的東西，要能賣得掉，才能經營下去，這樣的想法從創業到現在都沒有變。如果只是把工作當作工作，就會很容易感到乏味、無聊，可是如果是自己的興趣，就算遇到很勉強的時候，還是會努力堅持下去。

Q8：創造角色時，是如何決定角色的姓名與性格呢？

A：想法很簡單，白色的兔子就叫「白兔」，黑色兔子就叫「黑兔」，其實說不上是特別的命名。或許是這樣淺顯易懂的名字，大家會比較好記（笑）。

感謝台灣粉絲的愛護。

Q9：阿朗基阿龍佐在台灣也有廣大的粉絲，請問您們最初在推出這些原創人物，是否曾想過他們會變得如此受歡迎呢？創造出高人氣的原創角色的祕訣是什麼？

A：的確有這樣想過是否會受到消費者喜愛的問題，但是人氣都是交由客戶決定，我們也很難預測。不過有點意外會深受台灣人的喜愛，真的非常感謝。

Q10：您們去年與台灣便利超商推出集點贈的活動，今年在台北華山舉辦了「阿朗基愛旅行」特展，請和我們分享在台灣舉辦展覽的感想。

A：展場上特別設計了很多立體化的角色，讓民眾可以和壞東西、河童等原創角色合照，發現台灣人似乎都還滿喜歡拍照的，看到現場觀眾拍了很多照片，我們真的覺得很開心。台灣人都很親切、很熱情，今後也請台灣的朋友多多指教。

獨家公開！
余村小姐的個人工作室。

工作室的空間雖然不大，但所有資料均整齊排放，電腦、掃描器、列表機等等與繪圖相關的工具也相當齊全。

準備特展常常需要繪製上百張的設計圖。

使用 LIFE ライフ出品的空白明信片來作畫，最後會使用電腦做上色或是細節的調整，圖片為 2014 年「阿朗基愛旅行」特展的設計稿。

余村小姐喜歡使用日本老牌筆記本燕子 (Tsubame Note) 來打草稿、記錄靈感。

照片提供：余村洋子小姐

阿朗基阿龍佐：大阪南船場本店

位於大阪南船場的 ARANZI ARONZO 本店，裡面的商品種類非常豐富，從文具小物到生活雜貨一應俱全，也有一些本店限定的商品。特別推薦深具大阪特色的明信片，背景有大阪城、心齋橋 glico 固力果跑步人 ...... 很適合寄給親朋好友，或是寄給自己，作為這趟大阪之旅的紀念喔！

阿朗基阿龍佐擁有眾多角色，你認識幾位呢？快來一起認識這些可愛又逗趣的角色吧！

about

地址：大阪市中央区南船場 4-13-4　電話：06-6252-2983
營業時間：星期日～星期四 11：00 ～ 19：00
星期五 & 六 11：00 ～ 20：00（不定時休）

阿朗基阿龍佐 アランジネット　官網：http://www.aranziaronzo.com/

來去日本逛市集

日本的手作市集只要逛過一次就上癮，
我想很多讀者一定很能認同。
攤位以百計，
品項豐富、手作品的設計想法亮眼，完成度高，
無怪乎近年來到訪日本的觀光客，
很多都會將逛市集排入行程之中。
逛手作市集**最大的魅力**就在於，
不僅能**滿足個人的購物欲**，
更能**與創作者面對面交流**，
也可詢問創作者原物料的產地、對於創作商品的想法，
或是請教商品的使用方式……
是一種雙向交流很特別的購買模式。
為了讓讀者們更了解**日本市集**，
《文具手帖》在本期特別開闢專欄報導，
從**東京**、**大阪**、**京都**、**福岡**，
帶著大家先在平面上預演，
讓您下一趟的日本行程增添更多口袋名單景點。

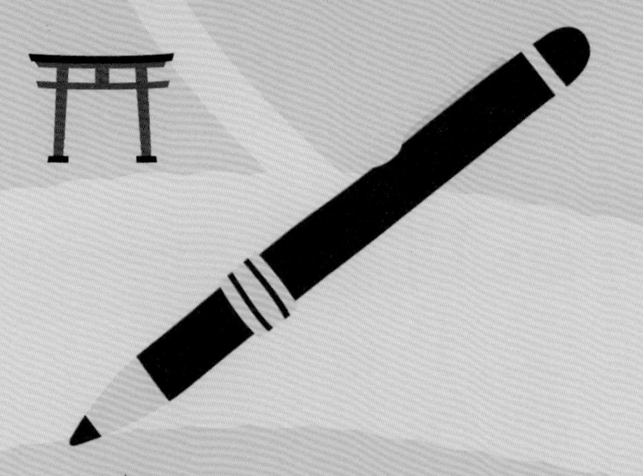

shop data

雜貨之谷手作市集

時　　間：每月第三個星期日（有時會有變動，請事先上網查詢）＊雨天取消
地　　點：東京都豊島区雑司ヶ谷 3-15-20
最近車站：都電荒川線「鬼子母神前」站，徒步三分鐘。
網　　站：http://www.tezukuriichi.com

earth garden

日　　期：請參照官網説明
地　　點：山梨県道志村道志の森キャソペ場
網　　站：http://www.earth-garden.jp/event/nh-2015/

24 回「Lohas Festa」（ロハスフェスタ）

日　　期：2015 年 10 月 31 日 11 月 1 日 2 日 3 日 7 日 8 日
時　　間：9：30 ～ 16：30（最晚入場時間 16：00）
地　　點：万博記念公園
網　　站：http://www.lohasfesta.jp/

北野天滿宮古物市集

日　　期：每月 25 日
時　　間：6：00 ～ 16：00
地　　點：京都市上京區．北野天滿宮
網　　站：http://kitanotenmangu.or.jp/

上賀茂神社手作市集

日　　期：每月第四個星期日
時　　間：9：00 ～ 6：00
地　　點：京都府京都市北區上賀茂本山３３９
網　　站：http://kamigamo-tedukuriichi.com/

172 回「風の市場」筥崎宮蚤の市

日　　期：2015 年 6 月 21 日
時　　間：7：00 ～ 15：00
地　　點：福岡県福岡市東區箱崎 1-22-1（箱崎宮参道）
網　　站：http://www.kottouichi.jp/hakozaki.htm

護国神社　蚤の市

日　　期：請參照官網説明
時　　間：9：00 ～ 16：00
地　　點：福岡市中央區六本松 1-1-1（福岡県護国神社参道）
網　　站：http://g-nominoichi.petit.cc/

都電荒川線的「鬼子母神前」站，是距離市集最近的車站。

東京雜司ヶ谷手創り市…

到手作市集感受職人之魂！

文字・攝影by潘幸侖

＊本篇採訪已獲得法明寺、市集主辦單位與攤主們的許可，特此聲明。

日本的跳蚤市場、手作市集行之有年，這股風氣在最近幾年吹入台灣，愈來愈多喜愛手作的人會把市集納入旅日規劃中。

在一般大型店鋪、賣場、百貨公司購物，很難有機會可以遇到商品的原創者，購買商品只能完全憑個人喜好與直覺。手作市集的魅力就在於：不僅能滿足個人的購物欲，更能與作者面對面交流，可以詢問作者原物料的產地、對於創作商品的想法，或是請教商品的使用方式。

逛市集也常常會有許多料想不到的驚喜發現，例如，曾在日本雜誌上看過的某個陶杯，意外出現在

市集上，而創作這些可愛陶杯的人竟然是一位老爺爺呢！

而在逛手作市集的過程中，常常能感受到許多作者認真、執著的創作態度，體驗到日本的職人精神。像是販售各種不同形狀的卡片的作者，原本以為是作者特別開刀模製作的，一問之下才知道都是作者自己使用工具手工裁切的，這樣一心一意只為做出獨特卡片的精神，讓人欽佩。

因為擁有和原創者交流的經驗，讓商品充滿了生命力，一張卡片不再只是卡片，更多了一份回憶，會想要更加好好珍惜使用。

本次要介紹的手作市集是每個月一次的雜貨之谷手作市集（原文：雑司ヶ谷手創り市），地點在大鳥神社與法明寺的鬼子母神堂。此市集堪稱東京地區手作市集的鼻祖，自2006年第一次舉辦以來，至今已邁入第九年了！是目前東京都內最大的手作市集，（因篇幅有限，本次介紹的攤位是位於鬼子母神境內，不包括大鳥神社境內）。

鬼子母神堂境內古樹參天，綠蔭宜人，環境清幽，就像走入一座靜謐的森林一樣。市集大約聚集了130多個攤位，幾乎每個人都用對方可聽到的音量低聲談話，即使人數眾多，依然維持優雅悠閒的氣氛。神堂供奉的鬼子母神原本是惡神，以捉小孩為食，後來受到佛祖教化，成為佛教重要的守護神之一，是婦女和孩童的保護神，因此常常可以看見母親帶著小孩一起前來參拜。由於鬼子母不再是鬼了，故匾額上的「鬼」字去掉上面那一撇。

市集的主辦人名倉哲先生是從事與咖啡相關的工作，過去在咖啡店時，偶爾會邀請手作者到店裡擺攤，礙於空間不夠大的問題，「想要尋找更適合的地方來舉辦」的想法在心中漸漸萌芽了。

因為名倉先生和其他幾位夥伴剛好就住在寺廟的附近，很喜歡這裡的環境，於是選在這裡舉辦每月一次的手作市集。那麼，怎樣才能來市集擺攤呢？

想要來擺攤的攤主，必須於一個月前報名並附上作品的照片，審核的方式通常就以該張照片為主。「我們希望是比較細緻、完成度比較高的手作品，所以會從這點去考量。」名倉先生說。

除了處理報事宜、舉辦市集以外，名倉先生本身另有其他工作，但是他說兩邊都是自己喜愛的工作，所以不會感到疲倦。事實上，許多攤主也是另外有正職工作，也是憑藉熱情與毅力在維持的。

以下介紹數個我自己很欣賞的攤位與攤主。由於這些攤主不一定每個月都會來擺攤，請參考市集官方網站上所公布的攤位名單。

文具、紙雜貨。

兩人都是活版印刷的愛好者喔！

若林亞美小姐和竹村涉先生所組成的「まんまる〇」，主要從事活版印刷和平面設計，販售原創的卡片、筆記本、杯墊，還有原創印章。

活版印刷的機器現在很難取得了，他們是在偶然的情況下，恰好遇到有人剛好想賣出機器，所以得以展開活版印刷的相關活動，過去曾參與東京蚤之市。

所謂的活版印刷，就是把可以移動的凸版或是活字刷上油墨，然後以手動的方式印壓在紙上，這樣的印刷方式會使紙張產生微微的凹痕，所以通常不能選用太薄的紙張。正是因為這樣，活版印刷製成的卡片、明信片，往往都是以磅數較高的紙張來完成，拿在手上更能感受到紙張的高質感。

無論是卡片的紙質、配色、形狀若林小姐與竹村先生都相當仔細研究，每張卡片都蘊含活版印刷的學問，讓人愛不釋手。

活版印刷的雙色生日卡片，先印一色，再印上另外一色，展現顏色重疊之美。恰到好處的可愛字體，不會顯得太孩子氣，是一款很適合大人的生日卡片。

由若林小姐設計的原創印章，可以搭配郵票使用，例如營造出貓咪把郵票舉起來的感覺，很容易讓人興起想要寫明信片的欲望。

まんまる〇官網
http://mamma-ru.com/

聚落社官網
http://jyuraku-sha.jimdo.com/

來自京都的「聚落社」是一家專門製作紙張與紙類商品的公司，擁有具備京友禪紙技術之職人。

「京友禪」是京都獨有的傳統印染技術，過去主要運用在和服上，後來也擴及到牛仔褲、包包、圍巾等範疇，自然也可以運用在和紙上，也就成為「友禪紙」。和一般紙張不同的地方是，友禪紙觸感略為粗糙，充滿獨特的手感。

社長矢野誠彥先生表示，「聚落」意指部落、聚集場所，他認為即使是傳統的舊有技術，也可以製作出嶄新的產品，使大家能用得開心。因想聚集有以上想法的夥伴的地方，故以此命名。

一般的傳統和紙花樣比較制式一些，矢野先生特別設計了許多新穎的圖案，希望能引起一般人對和紙的興趣。來市集擺攤除了可以親自與客戶介紹和紙的獨特地方，還能觀察到人們衣服上的花色、包包的顏色，透過這樣的觀察過程，激盪出更多的設計靈感。

質感佳的和紙，要用來包裝禮物呢？還是自製紙袋呢？還是包在書上，當成書衣使用好呢？光是思索這些紙張的用途就讓人感到雀躍不已。以炸蝦、糖果餅乾為主題的和紙，矢野先生笑說因為他對吃很有興趣的緣故。

以和紙製成的小紙袋與紙盒，紙盒是交由專門製作盒子的公司來製作的。

旅するミシン店官網
http://tabisurumishinten.com/

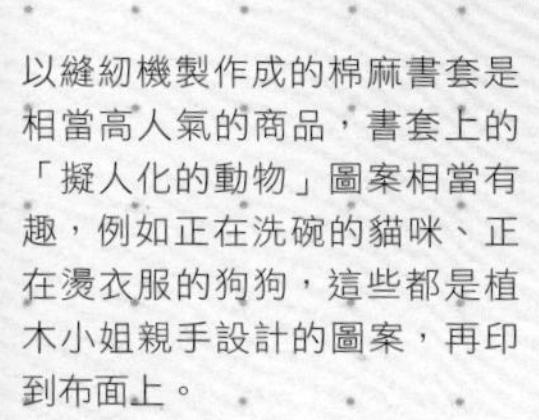

除了布書衣，還有販售明信片、貼紙等紙雜貨。

「旅するミシン店」是販售紙製品文具和布類商品的小店，實體店鋪在東京的谷中，目前只有六日與國定假日會開放營業，店長植木なせ小姐偶爾會到市集上擺攤。

ミシン就是日文縫紉機的意思，植木小姐認為旅行的方式是很多元的，即使是只到住家附近的公園散步，也能擁有像是旅行的心情。「如果自己親手做的物品能夠被消費者實際使用在日常生活或是旅行中，我會感到非常開心。」她說。

以縫紉機製作成的棉麻書套是相當高人氣的商品，書套上的「擬人化的動物」圖案相當有趣，例如正在洗碗的貓咪、正在燙衣服的狗狗，這些都是植木小姐親手設計的圖案，再印到布面上。

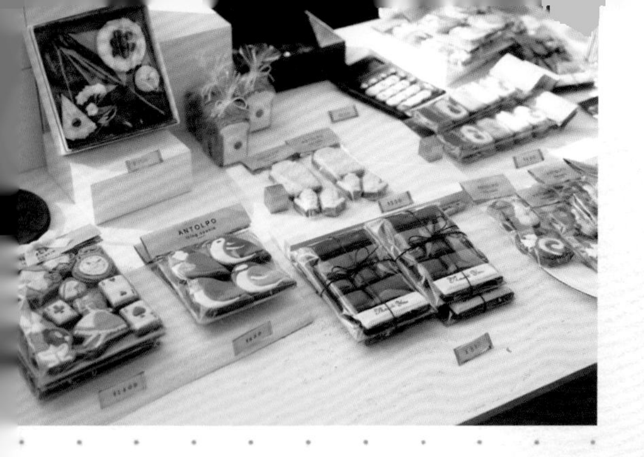

小倉小姐的合輯書也有繁體中文版囉！書名《幸福畫餅乾：甜蜜糖霜彩繪的時尚 COOKIE！》

手作麵包、餅乾和甜點。

由於甜點和麵包一向是市集上最快賣完的商品，常常不到中午時間就銷售一空，所以建議讀者們先來食品區。

本次市集最有人氣的攤位，無疑就是手作糖霜餅乾 ANTOLPO（アントルポ）了！不到九點已經湧入大量的排隊人潮，聽一位排隊的日本媽媽說，上次開賣時間不到一小時半就全部完售了呢！

攤主是小倉千紘小姐，從製菓專門學校畢業以後，曾在蛋糕店工作三年。因為喜愛手工糖霜餅乾，小倉小姐憑著這份喜愛與熱情，認真鑽研學習如何製作糖霜餅乾，之後離開蛋糕店自己出來創業，開設了 ANTOLPO（アントルポ）。

小倉小姐的糖霜餅乾只能用「非常可愛」來形容，例如做成像是蛋糕的模樣，或是毛衣圖案的餅乾，看起來都非常逼真。另外也有童話故事愛麗絲、貓咪和鳥類等等圖案，每款圖案的線條都相當精緻。

小倉小姐說她希望自己的作品和別人不一樣，所以投入大量心力與時間研究新款的餅乾圖案，若是你喜歡糖霜餅乾的話，下次記得要早點來排隊唷。

愛麗絲受到不少日本女生的喜愛，所以這款餅乾一直都是佳評如潮。

ANTOLPO 官網：http://www.antolpo.com/

來自京都的 La pause 也是高人氣的攤位，店長福井保嗣先生和店員是特別從京都開車來東京擺攤，光是單趟車程就要六小時！福井先生說許多人認為歐洲的甜點如馬卡龍、蛋糕都不便宜，只能偶爾吃一次，他希望能打破這個觀念，以較便宜價格提供美味的糕點，讓消費者能天天享用。

「雖然是比較低的價格，但是我們對原物料的選擇是很堅持的喔。」福井先生說，例如抹茶是來自京都老店一保堂茶舖的抹茶，油品來自京都的山田製油，麵粉也是選用有通過嚴格衛生檢查的優良麵粉。

如果要品嚐擁有京都風味的甜點，可以挑選抹茶口味或是黃豆粉口味的馬卡龍，輕輕咬一口下去，即可感受西式與日式的美妙結合。

手拭巾

染布作家坂本友希所製作的手拭巾，懸掛在半空中使其隨風飄逸，充分展現出日本手拭巾輕盈便利的特性。手拭巾雖然是日常生活的用品，但如果像這樣掛在房間內，當作是一幅畫，相信也會是很好的室內掛飾。

坂本的手拭巾圖案常常可以看到豐富的線條、點點、圓形等幾何圖案，呈現簡單大方之美。此外，她也善於創造樹葉、花朵等圖案。除了手拭巾，另外也有手提包等商品。

中村幸代小姐的 tsubame-shop 手拭巾則呈現不同的風格與魅力，以羊、鹿、貓咪、鳥類、狐狸等動物為主角，搭配華麗的花朵與植物，充分表現出手拭巾染工精緻的優點。

官網：http://www.tsubame-shop.com/

坂本友希 粉絲專頁：www.facebook.com/yuuuuukisakamoto

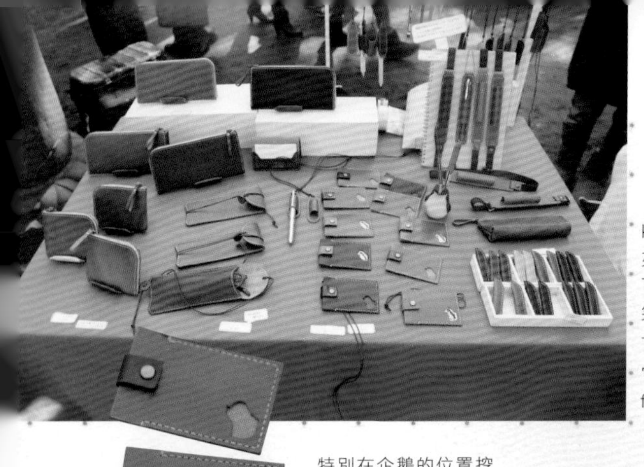

皮革

KoNA Leathers 的皮革商品，從長夾、短夾、零錢包、眼鏡袋到筆套，可說是應有盡有，其中讓人會心一笑的商品，就是以 Suica 企鵝西瓜卡為靈感的票夾了。

官網：http://konahandmade.blog.fc2.com/

特別在企鵝的位置挖空，讓可愛的企鵝可以露出來打招呼。

同樣也是以皮革為創作主角的「豆工房」，除了筆袋、零錢包等等，還有吸引眾人目光的迷你皮靴項鍊。

官網 :http://blog.goo.ne.jp/mamekobo

無論是長靴或短靴造型，細節絕對不含糊，做工均相當細緻，看起來就像真正的皮鞋。

木工

木工職人岩井建一先生的 WOODWORK（キッコロ）是製作木製傢俱、時鐘、相框與兒童玩具的店鋪，小鳥造型的別針與項鍊相當討人喜歡。木頭本身就給予人們溫暖的感覺，加上小鳥、綿羊、刺蝟等等可愛的造型，讓人更想要擁有。

官網：http://www.kikkoro.jp/

陶器

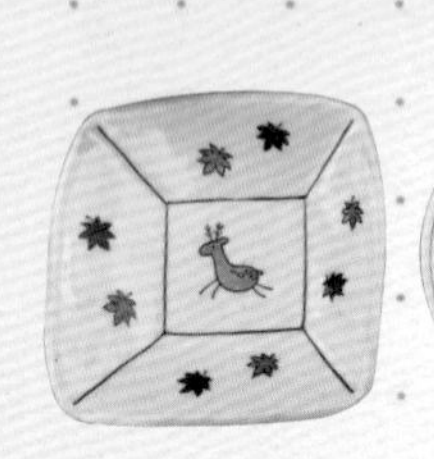

陶藝家鈴木明日美的「青堂 aodou」讓人留連忘返，以清新的藍色為主，搭配可愛的貓咪、鹿等動物圖案所製作出的碗盤、杯子，傳達出陶器溫潤親切的特性。

官網 :http://ao-dou.com/

羊毛氈

「苔ノ森商店キムラフユ」的胸針、髮飾是以令人感到溫暖的羊毛氈製成，有正在品嚐果醬吐司的松鼠、擁抱麵包的女孩……各種俏皮可愛的造型，令人不禁佩服作者的創意。將這些羊毛氈別針別在衣服或是包包上，就是獨一無二的個性配件了。

粉絲專頁：www.facebook.com/kokenomori

樹脂

使用樹脂和塑膠等材料製作的胸針「fabbrica MANO」，有小鳥、富士山、栗子等等自然不造作的可愛圖案，在市集上贏得不少顧客的目光。胸針的顏色明亮、清新，感覺格外適合夏天使用。有些胸針很快就賣掉了，若是看到非常中意的圖案，務必要好好把握。

官網：http://fabbricamano.blog.fc2.com/

在逛完市集以後，不妨轉換一下心情，來到糖果店與小吃攤補充體力。鬼子母神堂內有一間歷史悠久的糖果店「上川口屋」，創立於1781年，是日本最古老的糖果店，現在傳承到第13代。裡面販售充滿懷舊感的糖果和小玩具，即使已經離開愛吃糖的年紀很久了，看到這樣古老的糖果店還是會想買一些小零食來回味童年。

創立於 1781 年的「上川口屋」，是日本最古老的糖果店。

東京都道413号線旁的地球花園 earth garden「冬」2015新年會

文字・攝影by小川馬歐

一片被極盡人工開發後所製造出幸福假象的土地上，正有一群人試圖尋求並且挖掘出最原始生存的根本。所謂飲水思源的時代即將來臨，除了感激我們所擁有的富足的同時也希望開拓所有人寬容與付出的世界觀。2015年年初「earth garden」的新年會，就在東京冬季特有的晴朗青空夾帶著狂風的氣候下，於車水馬龍都道旁的代代木公園中平和展開，靜謐悠然的氣味正如他們所堅持的自然與人類間的平衡關係，新的一年就讓這座地球花園百花盛開吧！

將音樂、生活與自然緊緊相繫，打著「Think Future, Live Now.」的名號於2008年創辦以「有機與生態」輕生活美學活動，成立此一構想的當時並不廣為人知，直至2011年時遭逢311東北大地震，雖將日本這塊土地震的滿目瘡痍，卻似乎從那破碎當中重新誕生另一種堅定的生存力量與復甦，如同自荒蕪的裂石中迸出青綠的芽那般，渺小而又生機勃勃的earth garden工作室今次召集相同理念的創作者、音樂人與美味料理名店共襄盛舉，2015年年初的冬季野外新年會在星期六、日為期兩天熱熱鬧鬧正式開催。

earth garden 官方網頁上的交通指南告知所有人，活動場地就在原宿出站後徒步三分鐘的代代木公園，但見到偌大的公園入口處的告示牌後才驚覺原來我又被日本人的時間計算詐欺術給騙了。正確的位置其實在後方的櫸木並木區。於是只好迎著日本氣象廳預測神準的強風與穿透胸腔似的澄澈空氣穿越半個代代木公園、一座橫越 413 線的陸橋與恰巧遇到 SEKAINO OWARI 正唱著活躍明快的「炎與森林的嘉年華」的野外音樂堂，明明是難以忍受的寒風與距離那沿途風景，卻美好的像一場冬季夢境。

服務台邊拿了幾張設計簡潔的傳單，忽然意識在清冷的溫度中嗅到燙熱的清酒氣味、煮得冒煙的豚汁氣味與甜美的蜂蜜氣味，那是一股溫暖潮濕的香氣。展示攤位並列三排，最前頭壓陣的便是誘惑人類最本能感官的美食區域，而吸引我的果然還是行動咖啡廳「honobono 號」。

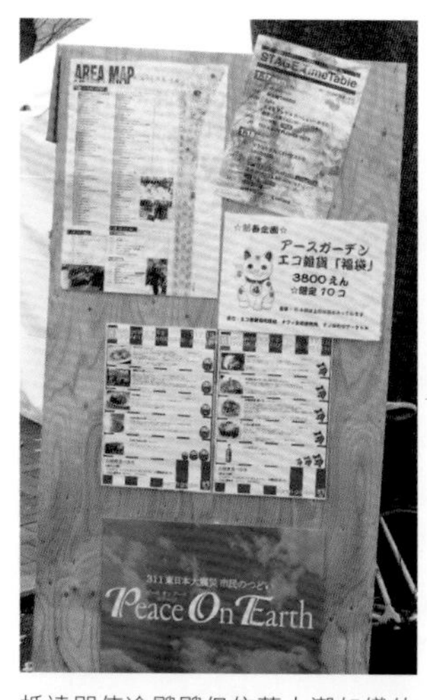

抵達即使冷颼颼但依舊人潮如織的櫸木並木區一入眼便是友善的服務台，提供攤位資訊、各店家的傳單與 earth garden 工作室自主發行的雜誌刊物，因為是新年會所以同時販售限定福袋，一個六千圓日幣。入場無料。

這種天氣來上一杯熱燙的蜂蜜薑茶簡直被救贖了。

DATE

【honobono 工房：http://honobono.weebly.com/】
honobono 咖啡廳位於神奈川，參與活動時會暫時休店，去年接近秋天的微熱氣候，也在自由之丘的 LOHASFESTA 市集上品嚐過冰涼爽口的蜂蜜薑汁汽水。honobono 號的冬季菜單內容相當簡單，只有蜂蜜咖啡牛奶、蜂蜜柚子茶、蜂蜜薑茶，還有大人限定的蜂蜜梅酒和蜂蜜紅酒。

行動咖啡廳「honobono 號」。

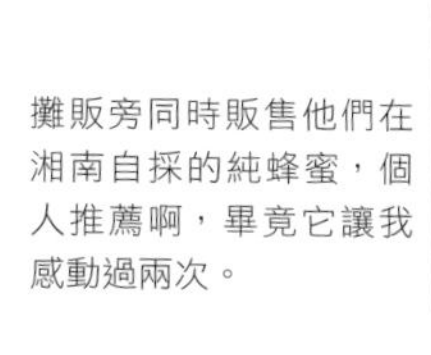

攤販旁同時販售他們在湘南自採的純蜂蜜，個人推薦啊，畢竟它讓我感動過兩次。

to-9
http://www.to-9shop.asia/

正如同這種環境意識抬頭的場合怎麼能少掉綠意盎然的小盆栽。然而每次企圖挑選幾盆投緣的朋友們回家，都礙於提著盆栽逛市集很麻煩的想法下總是錯過一次又一次的機會。

MAMARACHO G.H.
http://mamaracho.shop-pro.jp/

五顏六色的誇張色彩視覺效果逼得我不得不向前仔細研究究竟是什麼花花綠綠玲瑯滿目。原來是手工製作的 iPhone 外殼，各種元素拼湊成搶眼的特異獨行可愛斃了！繞了會場兩圈才壓抑住我的購買欲，買了它不是刮傷包包就是包包刮傷它啊。

美式中古小物販售，店內樸素的商品還不如店外擺設髒髒舊舊的小東西來得有趣。所有孩童時期玩過的伴家家酒遊戲的小配件或小玩具全拿來做成吊飾，趣味性十足，它激發了我愛撿破爛的本性，不過當時店長不在，逛完市集後他們居然也早早收攤，應該是我本日最痛心疾首的錯過吧！

Art Craft Party
http://artcraftparty.web.fc2.com/index.html

美的我心花怒放的玻璃與陶器手工作品，纖細華美的融入世界各地風情與素材，與其說是家飾品倒不如說是品味優異的平價藝術品。一只吊飾的價格從 2500 到 9800 日圓不等，所有商品皆只有一個，相當值得入手！

另外也有販售小吊飾，一組10個日幣540圓，入手的系列當中最讓我失心瘋的其中四個，非常可愛！

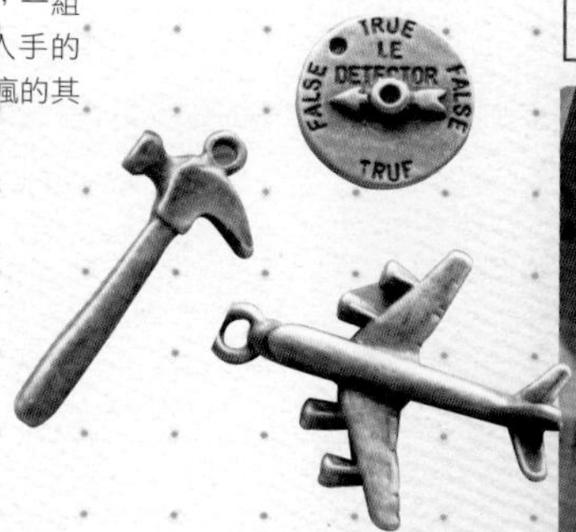

手作店 kurukuru
kurukuru.ocnk.net

個人對於書本與紙張相關物品有剪不斷理還亂的執念，因此途中經過素材的攤子前免不了被能夠自製的書籤材料給迷住雙眼。一只日幣200圓，我忍不住買了悶騷的薔薇樣式。

店なし雜貨屋
https://www.facebook.com/misenasi/timeline

今次最期待的莫過於不定期出現在各大市集的「店なし雜貨屋」。店主號稱無店無招牌，並且希望能締造出如同迪士尼樂園般的巴黎跳蚤市場，讓所有迷戀古物的狂熱份子們在那夢的國度裡尋找感動。帶點冒險感的流浪雜貨屋想當然的必定人氣高漲，因店內空間狹窄人潮擁擠只能拍到一角落實則可惜。

風音
http://ameblo.jp/sion-hana/

緊鄰著店なし雜貨屋的攤子竟然又是另一間讓我逃不掉的手作材料店。和妹妹有自製飾品或文具週邊吊飾的愛好，看見這一大盆根本連靈魂深處都在怒吼的狂喜啊。不過種類實在太多體積也跟豆子差不多大同時我選擇困難症又發作，頭暈腦漲的彎著腰撈來撈去，撈了二十分鐘覺得自己很像日本怪談裡那個洗紅豆爺爺，豆子磨來磨去，磨成粉吃下去，把人抓來磨來磨去，磨成粉吃下去。

日本生命綠的財團：
https://www.facebook.com/nissaymidori

做不到筷子我也支持不濫砍濫伐積極人工造林，工作人員鼓吹中之下在日本生命綠的財團的臉書專頁按讚便可得到長野先生製作的木頭杯墊。

日本生命綠的財團（ニッセイ綠の財団）與木材手工藝作家長野修平先生共同合作，開放教學製作屬於自已的筷子，參加費用自由捐款作為支持日本人工造林的基金。而筷子的木材是使用間伐材（又稱為疏伐材，於人工林為使樹木獲得充足陽光須將不必要的樹木伐除，那當中取得的木材便是間伐材）。出生自北海道、自小便是森林的孩子的長野先生畢生極力推廣森林與人類間和平共存的關係。目前在雜誌中連載手工藝與野炊料理的文章，並且著有東京出發的悠閒生活（東京発スローライフ，暫譯）。雖然錯過能夠親手製作個人筷的時間，但現場欣賞他俐落的削木磨光也特別痛快！

成品相當漂亮平整，很難相信是手工製成！

接著再選擇牌子的顏色，光是配色我站在攤子前又是二十分鐘，這場市集幸福到我精疲力盡了。

選擇橫式會顯得較為美式，但若選擇直式，那字跡與色澤就會有我喜愛的昭和感。因今年預定和妹妹共同成立手工飾品與時尚的工作室，巧逢 D-CAN SHOP 便決定也訂製一個小招牌。下訂單前要先將表格填妥，包括文字的底稿與排列等等。

完成品略微粗糙略微懷舊完全符合我們少女屬性的期待，工作室名字「萌萌融融」筆劃太多多付了 300 圓。

本日重頭戲，D-CAN SHOP 的手工繪製看板。店長金澤先生因深受美式招牌的影響，於 1985 年成立店鋪，並且遊走在各跳蚤市場與手藝市集上，為所有人用色彩繽紛的油漆繪製個人化門牌、招牌或信箱。XS 與 S 的尺寸為日幣 1600 圓、M 尺寸為 2000 圓，至於 L 尺寸為 2500 圓，若另加花樣為 300 圓，字數過多或文字複雜則酌收 200 到 400 圓不等。

令我意亂情迷的市集即將結束之時才發現自己又餓又渴，離開前吃了材料全使用有機食材的泰式炒麵和拉麵。寒風當中鮮美無比的美食下肚也給自已的 earth garden 新年會來個浪漫充實夕陽落下般的落幕。2015 年不知道又會在東京的何處與靜靜等待著我的雜貨與文具相遇呢，為此我已做好下一次約會前盛妝打扮的萬全準備了。

about

小川馬歐

B 型，肉食系，兼顧翻譯撰稿與創作為人生目標的暴走屬性文字工作狂。

主食搖滾／書店／紙張系文具。東京地下活動中。

BLOG：http://xvampiremissax.pixnet.net/blog/

看不足、食不盡，逛過就上癮的關西市集之旅！

文字・攝影 by 吉

這回 LOHASFESTA 的市集招牌。

水質清澈的森林夢幻市集，上賀茂手作市集。

北野天滿宮古董市集。

上賀茂神社前的大鳥居。

北野天滿宮古董市集。

2014年四月第一次自己和朋友出國到日本，美妙的關西旅行餘韻不絕，回來之後立刻又訂下同年十月的機票，這次一口氣排入幾場市集，除了戰利品之外，也帶回不少市集的觀察筆記。兩次旅行都承蒙友人鼎力協助，自己先懺悔沒有好好做功課，該打。訂機票之前就打定主意要去尋找老件收藏品，因此行前即已盡量把行李減到最輕，租借的行李箱是極輕的款式，兩個行李箱再加上換洗衣物與必需品，總重不過7公斤。廉價航空的行李重量限制嚴格，除了加買一件行李的名額之外，減輕帶去的負重與一個優質的行李秤是必備的。

這回足足在日本待了十四天，街邊景色依然看不足，食物的好滋味也嚐不盡。前面幾天都是在京都市內到處走來走去，先是拜訪附近的錦市場與錦天滿宮，接著去了久仰盛名的SOU。SOU與伏見稻荷神社，也去了京都市立動物園與平安神宮。住在四条河原町的好處是到哪裡都很方便，用走路的方式就可以抵達文具人必去的LOFT與TOKYU HANDS，在這裡要費很大力氣控制花費呢~（偷笑）

當點心的章魚燒攤位，還是大阪的好吃 .....

北野天滿宮 古物市集

此趟關西行遇到的第一場市集是天滿宮的古物市集，也是此行的主力市集之一。這個市集每個月的25日都會舉辦，地點就在京都上京區的北野天滿宮，市集時間很早，一早6點就開始到下午的四點，這個地點距離我們落腳的旅館有點遠，必須更早出門，如同在台灣的跳蚤市場攻略，去日本的古物市集也一樣要早早到，老件與新製品不同，少一件是一件，每個老物件保留的時間痕跡全然不同，每次市集出現的東西都不一樣，晚了就向隅啦！

當然，個人對於玩老東西的基本心態是不求天長地久，但求曾經擁有，太過就成痴迷了。日本人惜物愛物的精神在古董市集裡展露無遺，大部分的攤子都是將物品擺放得齊整乾淨，當然也有少數攤位是把東西散放地面，不多加擺設。天滿宮周遭大多是住宅，有小小的店家錯落其中，整個市集熱鬧而不吵雜，場地相當大，攤位幾乎都被有遮陽棚，是逛起來蠻舒適的空間。天滿宮市集比起其他市集相對而言是小吃算多的市集，有各種醃漬物，各種顏色的金平糖，還有好幾攤章魚燒與煮物

老銅燈。

在這攤買到庫存新品的懷紙一整疊。

古董布料。

也有很多老材料攤喔！

在這攤掃了線軸。

天滿宮古物市集有許多陶瓷器攤位。

的小攤，還看到棉花糖喔～也有許多其他熟食攤的攤位，見識到如何快速準備烏龍麵的技巧。逛天滿宮市集不用擔心餓肚子，只要預備好負重的裝備就可以用力地逛啦！

但若是本就預計要大買特買，那麼就要考量自己能負擔的手提重量上限或是準備簡易拖車。這次最重要的收穫是一對特大號的下顎解剖模型與有心室內壁組織的心臟模型，另外還很幸運地遇到成堆的印刷版凸版，印章控如我當然是一個不漏地帶回來。天滿宮古物市集不是走高貴古董路線，大多是依然堪用耐用的老物件靜靜等候新主人，當然囉，要找品項優秀，數量稀少的絕美老件也是有的，只留待各位慢慢尋寶啦～

值得一提的是同一天晚上我們去了三条商店街裡面的百元夜市，無固定舉辦時間，幾乎每樣商品都是一百日圓，是很能感受當地氣氛與風俗民情的一次！買到物美價廉的帶留與河豚紙燈籠，吃到非常好吃的百元熱烤香腸。

多想把這個櫃子搬回家！

品項保存得相當好的老收銀機。

出發前才在雜誌上看到介紹的老物店家。

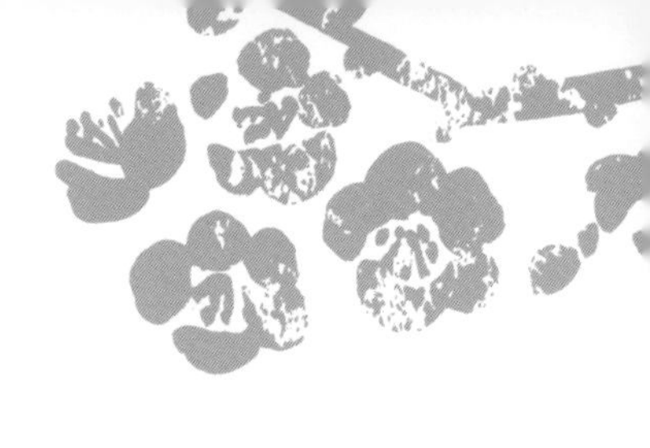

擺設有趣的筷架攤。

上賀茂神社 手作市集

種植多肉的風氣相當盛行，攤位也很多喔！

第二場市集是在上賀茂神社舉辦的手作市集，每個月的最後一個星期天都有，真正是在森林裡的夢幻市集無誤。上賀茂神社前面有個大大的鳥居，走進去就會看到了，市集入口附近有一座小馬廄，是神馬的地盤，記得有看到請勿拍照的牌子，就請別再對著神馬猛拍啦！

與上次拜訪的下鴨神社市集相比，上賀茂手作市集的規模大多了，樹林中同樣都有溪流穿過，空氣裡滿是清新的氣味，陽光灑落的地方視線非常乾淨清晰。上賀茂手作市集的攤子想來是有篩選過，幾乎全是純手作品，少數幾攤是開模製造，沒有機器大量出產的商品混雜其中，這點是非常值得稱許的，在這個什麼都講求量產快速的世代，手作的價值是無可比擬的呀！

我們一進去就遇到一個宛如松鼠般小小的創作者，不是指她年紀很小，而是整個攤主給人的感覺就像她的作品一樣，小巧可愛，攤主很害羞，攤位也超級小，看來是專做鉤織的作者，只有少量的幾件作品，幾乎是我和朋友買完之後就差不多空了，再一次很幸運地買到好作品，真開心！

日本有很多市集都是雨天決行（即便

雨天也照常舉行），所以如果下雨還是要注意一下行進的難易度喔，上賀茂手作市集的地面是砂石鋪地，蠻好走的，如果雨天就得小心泥濘，我們接著去的「梅小路市集」是在一片像操場的草地之中，不巧遇上陰雨天，滿地的泥巴影響了逛的心情與方便度。在上賀茂手作市集裡面有許多賣手工糕點與麵包的攤位，幾乎沒有熱食，所以去之前吃飽一點，逛完再離開去別處吃東西吧！

看到一攤做筷架的攤位，東西顯然是開模製造，但是也還是很精緻，擺放的方式頗具風情，連筷架也能如此充滿趣味。另外一位讓人印象深刻的攤主是一位老先生，用貝殼製作簡單而優雅的蝴蝶，也用橡實的帽子做了饒富興味的毛毛蟲！毛毛蟲耶，可以扭動的毛毛蟲哦！！當然是買了！也帶了三隻小蝴蝶，回來用木塊為它們製作台座，無怪乎日本人喜歡擺放的藝術，就這麼擺著也讓我的桌前多了好幾層的優雅氣息。買毛毛蟲還可以選一片葉子，老先生給我們每個人多一片！逛著逛著，心裡不斷浮現：這就是日本啊～的讚嘆。

像小松鼠的創作者的作品，再次印證作品可以表現作者這句話。

多可愛的毛毛蟲。

超級喜歡的貝殼蝴蝶。

很可愛的捲捲貓陶瓷擺飾。

萬博公園的太陽之塔。

LOHASFESTA 市集

看到許多植栽攤位，可惜無法帶回國內。

和北野天滿宮市集一樣，同一年內去第二次的另外一個市集就是舉辦在萬博公園的 LOHASFESTA 市集。萬博紀念公園是將 1970 年的日本萬國博覽會會場改造成充滿綠地的文化公園，占地百頃，舉目所及皆是山林與樹，園內還有國立民族博物館。

從京都到萬博公園要轉乘好幾次，一樣得記得預留交通時間，最後一段的單軌電車很有意思，感覺倒頗像雲霄飛車的軌道。萬博公園入園是需要門票的，而市集本身也需要門票，可以自己取捨要在哪一段排隊買票入場囉。去萬博公園的那天沒有下雨，不過前一天大雨剛過，地上還有多處是濕潤的泥地，市集主辦單位很用心，鋪設了讓遊客好走的塑膠地墊，逛起來也算是方便的。

LOHAS 市集備有親子遊樂設施，許多人都是攜家帶眷地來到市集野餐，裝備多點的有小帳蓬，少一點就是鋪個野餐墊啦～市集裡面有相當多的陶器攤位，都是創作者自己捏製燒成的作品，日本陶藝相當盛行，價格也不貴，很容易就失神大買，這種時候就需要有個好朋友在旁邊提醒行李重量！（大笑）上一回遇到的麵包別針與陶製小屋子一樣都有出現，當然還是再買，實惠的價格很適合買來當做伴手禮。這次遇到一攤很驚豔的印章攤位，圖案都非常別緻，也是可以直接失控的一攤。反正印章很小又輕……最喜歡的是買到陶製的手掌項鍊，掛在身上隨時可以玩給我糖果的遊戲。LOHAS 市集也有許多老物攤，較多歐美來的老物件，有精緻的玻璃鈕釦與黃銅物件，再度買了黃銅燭台，老發條鈕與羅盤，還碰巧買到兩個老掛鐘的內部機芯，一樣是黃銅材質，還可以

園區內各處都非常漂亮。

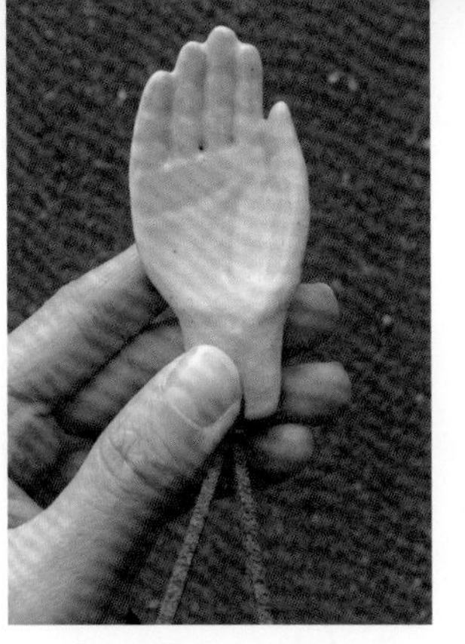

可以玩給我糖果的伸手遊戲。

仿真的麵包別針，推測應該是真的麵包製作的吧……

充滿帳篷與野餐墊，還有小朋友。

運作呢，是拆下來當作零件賣的，價格相當討喜。

這一樣是個需要注意購買物負重的市集，很常見到手拉的拖車出現，輕便的折疊式拖車也很適合。我們運氣真的很好，在公園另一處遇到很有朝氣的活動，看著身著傳統服飾的年輕男女充滿活力地躍動，忍不住也想跟著跳起來。還看到一位也許可歸類為街頭藝人的魔術師，本人相當具有諧星氣質，我聽不大懂日文，光看動作也覺得引人發笑，同行友人都聽得懂，從頭大笑到尾。逛完市集之後必定要來看看萬博公園的象徵：太陽之塔，個人很喜歡從背面看它，總覺張開的雙翼充滿安全感。

短短兩週的時間，一口氣去了四個市集，回想起來歷歷在目，日本這個國家到處充滿細節，認真實作的態度總讓人肅然起敬，不管去到哪裡，身為旅人與拜訪者，秉持的是全然尊重與感謝，入境隨俗，如此必能享受美好的旅遊經驗。連著兩次旅行到關西，看過幾個市集，對我來說，最珍貴的是攤主們展露的溫暖心意與認真創作的精神，那一張張的笑臉，永遠都不會忘記吧！

可愛的印章攤位，圖案別致有趣。

博多河畔訪古舊物地圖
季節限定福岡特色市集

文、攝影／毛球仙貝

相對於東京、北海道、京阪神等日本旅遊熱區，九州開始受到台灣旅人矚目是近幾年的事。但面積跟台灣一樣大的九州，可不是只有惡魔果實的動漫主題樂園喔！從九州中央的阿蘇火山到北端的佐世保九十九島，都有著讓攝影迷揪心難忘的無敵山、海大景。而從山城長崎到大都會福岡，隨意漫步巷弄中，也能到處巧遇橫跨上千年的街景活歷史！

單講九州門戶也是最大都會的「福岡」，不僅是全日本「機場距離市區最近（只要數站地鐵，不到20分鐘車程就能抵達）」的大都市，還有著知名拉麵的總本店，以及購物刷手絕不會錯過的天神百貨區。整個福岡從大型Shopping mall裡最新流行時尚、優惠Outlet精品，到神社市集裡工匠職人的手工況味，幾乎無所不包。本次就特別來介紹兩個位在福岡，且讓所有器皿道具及舊物迷朝思暮想的「季節限定」風味市集：「筥崎宮跳蚤市場」、「護國神社跳蚤市場」。

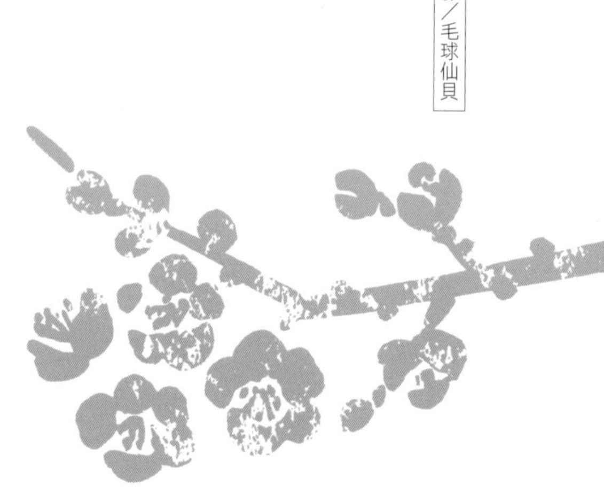

風の市－筥崎跳蚤市場
在風中聆聽舊物的故事

「筥崎宮跳蚤市場（筥崎宮蚤の市）」通常在每月的第二個星期天舉行，如同名字一般，是利用「筥崎宮（箱崎宮）」前參道的兩側空間來擺設。只要從福岡交通中心的「博多站」搭乘火車在「箱崎站」下車，或是搭空港線地鐵轉箱崎線在「箱崎宮前站」下車，都可在10分鐘之內輕鬆步行抵達。

about

毛球仙貝

生活道具與文具雜貨的偏食症患者，長期被「日常美的生活模式」所召喚。當漫遊者的經歷，比當旅遊者更豐富；當讀者的經歷也比當編輯更豐富。
目前正在進行「滲透日本」計畫。

當年元朝的忽必烈率軍攻打日本時，在九州海面上遭遇颱風，導致全軍覆沒、無功而返，傳說這「颱風（神風）」就是「筥崎宮」的神蹟，因此「筥崎宮跳蚤市場」又有「風之市集」的美稱。和其他市集相比，筥崎宮跳蚤市場可說是個不折不扣的「老物市集」，三、五十年以上的昭和時代製品隨處可見，甚至就連路旁不起眼的木製小算盤，都有我們年紀的兩倍大，而放眼所及最年輕的，大概就是逛市集的人們了。

除了「古物與老物」之外，整個市集其實並沒有特別的展示主題，因此也成為古物迷挖寶的好地方，例如在某個攤位的小角落，你可能會發現老式的煤油爐、古董的雙反相機、甚至是早年居家必備的醫藥箱小木櫃等。還有舊雜貨店的招牌、鑲嵌彩繪玻璃的鐵製窗棱、以及滿坑滿谷的舊海報、老書、小貼紙等，完全無法預料在下一個轉角處，會發現什麼驚喜。另外這裡還有戰後經濟復甦時代各項輕工業的產品遺物，像是老紡織廠裡的吊掛小木軸、印著明治製果、朝日啤酒等品牌的舊式玻璃杯，可口可樂的鐵製小保溫箱等，都足以讓古物迷流連忘返，而且連雨天都照常舉行，有興趣的老物控們可千萬別錯過。

這款玻璃杯是日本昭和時期明治乳業，為了宣傳乳酸飲料「パイゲンC」所製作的。

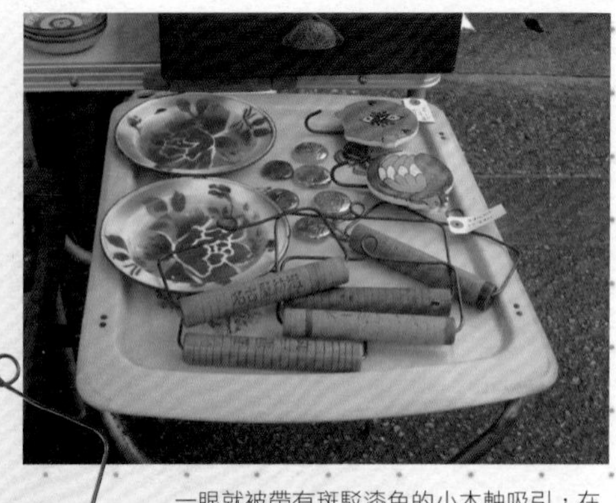

一眼就被帶有斑駁漆色的小木軸吸引，在詢問店主後，才知道是老舊紡織內的吊掛手擦巾的毛巾架。

這款鑲嵌彩繪玻璃的鐵製窗棱，是利用回收來的舊家具，翻修而成的仿古款。

來自法國的復古胸針，每款都只有一個而已，錯過了就沒啦！

印著各大廠牌的舊式玻璃杯，明治、朝日、麒麟……你喜歡哪一個呢？

舊時的各式玩具，總能勾起許多快樂的童年回憶。

在販售鉛筆、蠟筆、鉛筆盒攤位上，總能聽見許多日本人不斷驚呼著：「好懷念啊！」

來不及參與的美好年代，只能在古董市集，
一點一滴地拼湊出那些老年代的樣貌。

護國神社跳蚤市場

賞遊尋寶、精彩紛陳的特色市集

「護國神社跳蚤市場」顧名思義是在福岡「護國神社」的參道前廣場舉辦，從博多車站搭地鐵，到「大濠公園站」下車，步行約15分鐘即可抵達。雖然這市集約每半年才舉辦一次、為期兩天（2015年「第22回護国神社蚤の市」的舉辦日期是5月16、17兩日），但每次舉辦時都是九州北部地方的大事，不僅福岡地區各類手工藝、古道具店家會齊聚一堂，甚至遠到熊本、阿蘇等地的藝術創作者，也都會特別抽空來共同參與。而最近幾屆的跳蚤市場，更開始以「旅行市集」的形式，巡迴熊本、阿蘇等地。

和以古、舊物為主的「筥崎宮跳蚤市場」不同，「護國神社跳蚤市場」在攤位的類型上精彩紛陳，有老東西也有新設計，十分多元。有新銳設計師獨立製作的手工服飾，盆栽園藝類的綠手指藝術家，帶著自己精心培養的植物們來擺攤，還有異國風味與手工美食的愛好者或十分具有特色的行動咖啡車，在現場提供手製果醬、輕食、零嘴等餐飲服務，可說是吃喝玩樂、賞遊尋寶都適宜的市集好去處。而在舊物與古道具方面也不會讓你失望，包括古法燒製的陶器皿、老圓木桌、餐具櫃、木椅，還有卡通人物塑像與懷舊玩具等，甚至手工刻製的英文木質活字，都是時常在市集中露臉的明星商品。而且在兩天的活動期間內，各有不同的攤位與創作者出來擺設，就算連著兩天都去，也會有不同的驚喜收穫。

童趣十足的手作陶藝品，由於是手工製作所以每一款都略有不同喔！

工地現場的各類掛牌，以及利用榫接原理上鎖的木櫃。

有些攤販也會推出福袋組合，這款含小碟子、紙膠帶、造型筆、明信片、貼紙、包裝袋、外國報紙……才五百元日幣而已，真的非常划算呢！

戰利品

將在櫻桃小丸子卡通中曾出現過的暑假作業「自由日記」，作為旅遊日記本也很有味道。

場內除了各類雜貨外，也有專為小朋友設計的 work shop 攤位。

雖然由於管制的關係，無法直接購買植物，但可選購園藝的周邊物件，再回家 DIY 一下。

各類手工果醬，可先試吃找出自己喜歡的口味後，再詢問店家推薦的料理搭配法。

除了日本製品外，也有許多來自世界各地的好物，如這攤就是專門販售波蘭傳統的手繪餐具。

殺價禁止，搏個感情先！

一般來說，在日本購物都是「不二價」的殺價禁止，但在「跳蚤市場」裡的舊貨攤，則偶爾會有一點「殺必死」的小小空間。但記得，千萬不要一出口就砍五折的當奧客，而是在購物前，不妨跟老闆多聊聊天、問問舊物入手的過程與故事，或許老闆發現覓得知音，會願意贈送一點小東西當優惠。另外，在創作者的自營攤位，體恤創作為艱、維持生計辛苦，請當個有禮貌的好遊客，千萬不要殺價喔！

Stationery News & Shop

對文具迷來說，
無論行旅至國外或島內，
都想探尋當地的文具屋，
不只品味，更想尋寶。
這次《**文具手帖**》要帶著大家一同前往**美國**和**英國**，
看看**美式**和**英式文具屋風格**上的異趣，
下次有機會前往當地，
也能筆記下收入必逛的口袋名單！

shop data

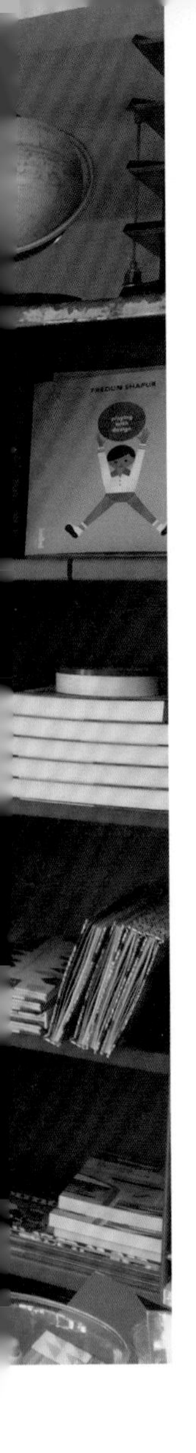

從店主的工作區望去，滿室的美好陽光。

Stationery News & Shop | 01

英國平面設計師的工作小店

隱藏在倫敦天使區的 Present & Correct

文字・攝影 by cavi

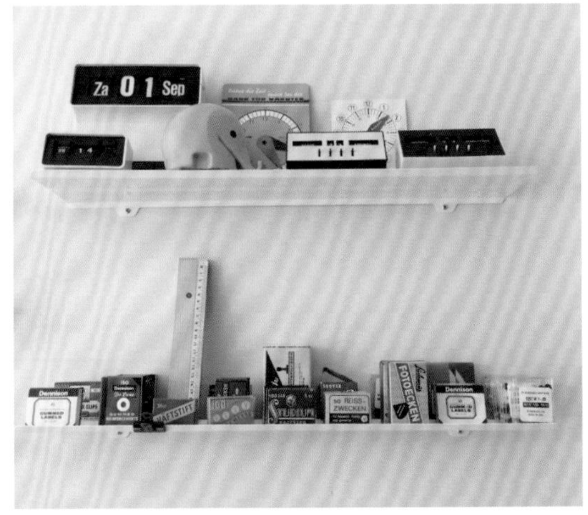

協調的商品陳列。

我常常夢想擁有自己的設計小店，裡頭的裝潢應該是一邊售賣自家設計的點子和旅行中尋找到的寶藏，而另一邊就是我的工作桌和電腦。這個夢盤旋在我的腦海中似是十分完美。然而，若以商業角度考量，好像不太實際，尤其在香港！正當我要打消這個念頭之際，想不到這個夢卻在地球的另一端成真了。

第一次遊訪英國時，我只有十五歲，印象中曾經去過各大必遊景點。所以這次行程則不當一般觀光客，我要去尋找城中有趣的小店！遊訪前仔細的計劃與搜集，在網路上找到這家 **Present & Correct**，鄰近倫敦地下鐵的天使站（很美的名字）。然後我好不容易才在一條不起眼的小街上找到它。

店內外的四周都十分靜謐，當時只有我一位客人，店主又正忙著，所以可以很自在地研究店裡的所有細節。其實這兒與我夢想中的設計小店很相似，主要分為兩部分，近門口的位置用作商品陳列區，販售各種文具用品；另一邊就是店主的工作空間，可說是把工作室搬進了店內。這兒的佈置以原木色調為主，店主選物品味獨特，架上的商品件件都值得細細觀賞，雖然文具款式眾多，卻沒有一絲凌亂感，每處細節都是精心安排，營造出舒適的購物空間。

特別的是，店主在簡約的設計下，還巧妙地增加一些隱蔽式的校園生活元素作點綴，讓客人自然地走進 Present & Correct 的課堂。

這兒有個如小學教室的角落，放了一張小型學生木桌作陳列商品。在桌子的上方，有一部以前學生們最愛的玩具扭蛋機，機內全都是一個個盛滿小型商品的扭蛋，客人可以投入硬幣購買，誰都不知道扭出來的會是什麼啊！在小學旁，則是一些中學玩意兒，牆身掛著一塊木工課室常會看到的工具牆架，可是錘子和鋸刀卻變成了釘書機、剪刀、尺等文具，有條理地掛滿在鈎子上。而店中心的位置，有一張桌子，桌子上發現了一個讓我印象深刻的裝飾，那就是店主聰明地把筆收納陳列於自然課中的玻璃量杯裡，因為這個畫面鈎起了我以前上課的情景。還記得那時實驗室中最多的就是量杯了，所以老師們都喜歡把它們當作筆筒，隨手把用完的顏色筆和墨水筆通通放在裡面。雖然這些都不是什麼特別的擺設，但店主的心思卻能引起客人的共鳴，想起求學時的美事。

終於，我等到店主空暇之際，上前詢問關於小店背後的故事。他告訴我 Present & Correct 是他與另一位平面設計師所創立，最初只是間網路商店，經過幾年的努力建立了這個實體空間。他們除了售賣自己設計的作品外，也很喜歡學生時代的文具。每年都會特意到歐洲進貨，有時甚至會到亞洲等更遠的地區，把當地傳統文具商品和其他文具品牌帶回小店。所以你會在此看到很多種類的商品，甚至可能找回以前伴著我們成長的文具呢，可是價錢卻沒有以前親民！

閒談中，感覺店主是位很有個性的設計師，就是那種不會為迎合大眾口味而妥協的人。我想，他其實並不太在乎銷量，也不視這空間為商店吧！Present & Correct 是屬於他們的創作空間，開設此店的原因也許都是為了滿足自己對設計的私心而已。所以店址好像也是特意避開人群，他們只想靜靜地隱藏著去從事自己喜歡的創作。

DATE

Present / & / Correct
23 Arlington Way, London EC1R 1UY.
Tuesday - Saturday 12 - 6:30pm.
Tel : 020 7278 2460
http://presentandcorrect.com/

我竟在這找到小學時用過的那款筆記本！

試試手氣來扭一下吧！

實驗室的量杯成了的剔透的筆筒。

專注創作中的店長。

About cavi

旅遊設計師－用設計師的眼睛尋找寶藏，以生活的方式漫遊世界。
發夢和吃東西是我人生中最快樂的事。
有點兒懶惰，不善於寫作，更不熱衷攝影，一心只想簡單真實的與別人分享快樂。
大學主修廣告設計，然而並沒有愛上廣告，卻迷戀設計。
畢業後成為了平面設計師，但不甘每天困在辦公室內度日如年，
於是一年後在香港長大的我選擇了離開，一個人去紐約生活，也開始了旅行設計師的旅程。

部落格：Manimanihomm.com
作品：《Live Laugh Love 一漫 · 樂 · 紐約》
臉書專頁：facebook.com/Manimanihomm.travel

Stationery News & Shop | 02

英國的貴族百貨

實而不華的文具設計：Liberty London

文字・攝影 by cavi

不論在香港還是去旅行，我都避免到百貨公司。因為人多的時候會感到煩躁，根本不想逛下去，而且總覺得專櫃小姐會一直盯著你，這股無形「一定要購物」的壓力實在令人緊張，所以我之前所寫的遊記都是到訪小店為主。然而這次到訪倫敦的Liberty（自由百貨）卻讓我對百貨公司的偏見改觀，還在這裡找到很多意想不到的收獲。

Liberty 位處於倫敦最繁忙的購物區「Oxford Circus」，原本是間英國著名的布廠，他們自家設計的英式印花布和布藝在國外內有著很高的名氣。隨著時代變遷，原本只有三位工匠的小布廠發展成為一間極具設計品味的百貨公司。深色的木構架和白色的石牆形成鮮明的對比，都鐸式獨特的建築被列為二級古蹟。Liberty 走的是高檔路線，但沒有因此而加建豪華奢侈的裝潢，而選擇保留百多年來都鐸式建築的樸實風格。我承認最初踏入此店是因為被它的外表所吸引，但令我甘願在此停留的原因，卻是他們對文具和設計的執著。

大部分百貨公司內都設有文具雜貨區，但因為不是主要收入來源，所以大多都是被設置於較頂層或地下樓層等。然而，當我一推開玻璃門，琳琅滿目的筆記本就陳列在我眼前。整幅長長的牆身陳列著各式卡片和包裝紙；每張桌上也放滿了各類商品，款式多得讓人目不暇給。當我還以為只有主流商品時，一些另類的精品竟然出現了。它們的設計都很

Liberty 自家設計筆記本

DATE

Liberty London
Regent Street London W1B 5AH
Monday-Saturday: 10am　8pm
Sunday: 12-6pm
http://www.liberty.co.uk/

幽默且相當實用，使用時還挺有意思呢！此外，在另一邊還有人氣時裝品牌的文具系列，例如：Kate Spade 和 Christian Lacroix 等。雖然價格不菲，但十分罕見，熱愛設計的我當然也非常著迷。

當眼睛正努力儲存自己喜歡的點子時，一本黑色的筆記本吸引了我的目光。黑色皮革上壓印了一個很特別的圖樣，構思十分細密，極具維多利亞風格色彩。外形亦有點神祕，彷彿是魔法師的筆記本。原來這是 Liberty 的自家設計，那個圖案更是他們獨有的「Ianthe Liberty Print」。我抬起頭再看一圈才發現，的確店中有很多商品都是以花藝圖樣為設計元素。它們都是由 Liberty 的設計團隊所創作出來的著名印花圖案。不論是手工、用料、品質，多年來他們對設計的理念和執著等，也一直維持在貴族等級。而且是店內限定，所以必會引起你內心的交戰。

從文具可以看到英國人對生活品味的執著。在國外的文具店，常會看到很多令人愛不釋手、作工精緻的文具商品。這次在 Liberty 也不例外，如布料般精美的禮物紙、設計即簡約又高雅的信封信紙、用料華麗的筆記本等。

它們的存在，更突顯外國人執著於事物的美感，並自傲傳統的設計和文化。不論工匠、設計師與消費者也願意花時間與心思於文具細節上。

Stationery News & Shop | 03

BAUM-KUCHEN

以 TRAVELER'S notebook 為起點的旅行文具小店

文字・攝影 by KIN

在洛杉磯的北邊，一間連結了日本的Wabisabi與德國的Bauhaus的文具舖，靜靜的座落在這藝術氣息濃厚的地區。

在南加州巷弄裡，有著「Baum-Kuchen」字樣的小小木頭招牌跟一顆小樹，低調的等待著懂他的人們。推開玻璃門時，映入眼簾的是Baum-Kuchen的開業精神「The Journey is The Destination.」，一個及其簡單卻強烈的標語。對所有喜好旅行的人們來說，更是一個能夠說進心坎裡的話。

Baum-Kuchen的店內範圍不大，基本上，當你踏入店內的瞬間，就能夠將所有店內空間收進眼底。空間雖小，但卻有著一致的概念貫穿整間店，那就是「旅行」。入店後，左側的一個角落，能看到許多與旅行規劃相關的小物。木製桌上放著一本非常充實的旅行筆記本。翻開內頁不但能看到滿滿的郵戳，更能看到旅行途中所拍攝的照片、旅途隨記……等。讓人能夠充分感受到旅行的樂趣。隨意拼貼在牆上的明信片、舊紙條，更是彷彿看到自己房間的裝飾一樣，充滿著一種熟悉的感覺。光是看到這個角落的擺設，就能讓人湧起旅行的想望。一種想要衝往未知世界的衝動，就在我腦中不停地閃著。

從以前我就十分鍾情以木製裝潢為主的店鋪。以木材為主的裝潢，不但帶給人們親近感，更有著襯托商品的功能，讓人將目光聚焦在商品上。濃重的時間感，是木材所帶給我的感覺。而在Baum-Kuchen裡所使用的木頭層架，更是與其所提倡的旅行文具相輔相成。所有關於旅行的記憶，都是越陳越香，不管經過多少時間，只要再度翻起了當時的旅行手札，當時的記憶就瞬間鮮活起來。或許是因為一種莫名的連結感，讓我對於Baum-Kuchen產生了極大的興趣。也是因為這莫名的共鳴，驅使我上前與店長Wakako攀談。

小時候從日本遠渡至美國的店長 Wakako，因為想要專心照顧孩子，選擇離開原先的設計工作，將重心放在家庭。但在 Wakako 的心中，一直知道自己其實嚮往著工作的。就在與先生一起思考著要如何做才能兼顧兩者時，一種潛在卻強烈的聲音出現在討論之中：為什麼不將我們所愛的東西透過網路介紹給大家呢？

於是融合了德國 Bauhaus 以及日本 Wabisabi 美學的 Baum-Kuchen 就此誕生！現在在台灣被大家廣為認識的 TRAVELER'S notebook 更是 Baum-Kuchen 所引進的初代商品。非常神奇的是，TRAVELER'S notebook 也是讓我發現到 Baum-Kuchen 的關鍵商品，如果之前沒有在網路上瘋狂搜尋著 TRAVELER'S notebook，我想我一定也不會發現到 Baum-Kuchen 這樣的特色小店吧！

About KIN

從台北到洛杉磯，愛玩的習性不變，一有時間就往外跑。不停追求著擁有豐富色彩的事物。喜愛設計，雜貨，手工藝與藝術，目前正在努力將自己丟入藝術這個大池塘中。

www.kinchenstudio.tumblr.com

「TRAVELER'S notebook 是 Baum-Kuchen 的起點。如果沒有了 TRAVELER'S notebok，Baum-Kuchen 有可能就不會存在了吧！」Wakako 說著。「幾年前，當我第一次開始使用 TRAVELER'S notebook，我就非常喜歡這款商品，但當時在美國卻完全找不到哪邊有販賣的店家。這是我想要將他介紹給大家的契機。也因為這個原因，我決定要開一家店來販售 TRAVELER'S notebook。在經過六個月跟日方的接洽，順利地成為了 TRAVELER'S notebook 的零售商，也為 Baum-Kuchen 踏出了第一步！現在我們不只代理記事本、行事曆，更加入了許多的生活感商品。引進具有生活感的商品是我們的一個概念。我們也藉由部落格的方式，跟喜歡我們的朋友分享著我們對於『生活』的想法。」當 Wakako 說著這段歷程的時候，身為聽眾的我，一種莫名的興奮感湧上心頭。或許是因為這樣的生活方式，要能夠保持並持續下去，並非一個簡單的事。但卻著實地說進了我的心裡。我喜歡 Baum-Kuchen 現在的步調以及規模。「Tiny, but homey」這個想法一直不停著旋繞在我的腦中。對我來說，也是一個完美平衡的象徵。

除了商店之外，Baum-Kuchen 的空間更身兼了工作室的概念。當我詢問說為何將這個空間定義為工作室呢？Wakako 是這樣回答我的：「其實原因很簡單，因為這就是我工作的地方。我會在這個空間發想新的商品，也會運用這個空間來跟我的夥伴們討論新產品的方向。」

是的，Baum-Kuchen 並非只是一間單純的日系旅行雜貨商店，皮件設計是品牌的另一塊重心。以 TRAVELER'S notebook 為開端，Baum-Kuchen 與在地的皮件工作室「1.61」合作，推出屬於他們的 TRAVELER'S notebook 的小物。從皮革製的資料袋，到綁帶上的裝飾小物等等。Wakako 將常年使用 Traveler's notebook 的心得以及想法融合進他們皮件設計。

「為何會對皮革特別情有獨鍾呢？」我問。「我們喜歡物品常年使用下來的感覺。而皮件就是一個非常好的材質。隨著一點一點增加的歲月感，也會加深物品與使用者之間的聯繫。所以我們通

Wakako 已使用 6 年的 TRAVELER'S notebook 以及新寵兒 Roterfaden 筆記本。

來自德國的 Michael Sans Berlin Leather Bag。

常都會在店裡擺設對照版本，讓客人知道，這個商品在長時間的使用下，會變化成一個多富有味道的個人小物。我們也非常熱衷於分享我們的使用心得跟客人交流。」。

就在這樣選擇商品的守則之下，Baum-Kuchen 引進了來自日本的 The Superior Labor 帆布包，以及來自德國的 Roterfaden 筆記本。在日本購買的 The Superior Labor 帆布包已經跟著 Wakako 來到了第四個年頭，堅固的設計，以及大容量的空間，跟著 Wakako 踏遍了 LA 等許多地方。而店內另一個人氣商品 The Superior Labor，摒棄了大量的生產過程，以一人一裁縫機的方式來生產帆布包。笑稱自己是筆記本狂的 Wakako 更是介紹了以來自德國的 Roterfaden，有著跟 TRAVELER'S notebook 相同的使用方法，可以搭配任何市面上所有的 A5、A6 尺寸筆記本。ほぼ日手帳的內頁也可以完美的與 Roterfaden 相容。相容性更大，有著更多的空間紀錄自己的生活。

一個用時間，旅行作為概念的小店，不疾不徐的在網路上慢慢發展著。更試著慢慢的將觸角從網路商店轉換至實體商店。從設計商品零售轉至自家品牌發展。「The Journey is the Destination」這個核心標語，貫穿了所有 Baum-Kuchen 的產品。

生活就是一場旅行。對於 Baum-Kuchen 的未來，Wakako 保留了所有的彈性，然而我相信有時「沒有答案」就是就好的答案。不管是 5 年後，還是 10 年後，甚或是更久的未來。Baum-Kuchen 都會用他們的方式，以一種有機的，不設限的方式來講出更多更好的故事。

店長 Wakako。

陣列於桌上的旅行手札。

來自日本的 The Superior Labor 帆布包。

DATE

Baum-Kuchen
地址：3423 Verdugo Rd, Los Angeles, CA 90065
網址：www.baum-kuchen.net
營業時間：Tue：10am-1pm / 2pm-4pm
Wed：10am-1pm / 2pm-4pm
Fri： 2pm-4pm
Sat：1-4pm

Stationery News & Shop 04

在洛杉磯
逛純美式風格文具屋！

文字・攝影 by Peggy

熱愛文具雜貨與手作小物的朋友，最喜愛的旅行目的地應該會是日本吧。Loft、Tokyu Hands 等大型連鎖店，或者東京下北澤、吉祥寺等濃濃雜貨風的路面小店舖總讓人逛得心花怒放。但文具迷若來到美國旅行「在美國的書店或文具店好像買不到漂亮文具」應該會是不少人的旅遊感想。曾經在美國居住將近十年的我可以很肯定地告訴你，的確是這樣的。美國的大型文具連鎖商店 Office Depot、Staples 其實正確來說，是販售實用性質為主辦公室事務用品的商店。如果你想要尋找可愛文具小物，那麼去逛美國主流的文具店可要大失所望了。因為這類商品在美國並不歸類於文具商品，而是屬於剪貼簿以及拼貼創意商品類，英文是「Scrapbook, Art, Craft Supplies」。在這裡跟大家介紹與推薦幾間位於洛杉磯的 Peggy 私心收藏店鋪清單。

位在西班牙風格安靜社區街道上的「Scrampers」，等待文具迷們進來挖寶。

曾與mt合辦紐約展「mt Store in New York」的「Anthropologie」。

精緻手創工具與雜貨小物店鋪「Paper Source」。

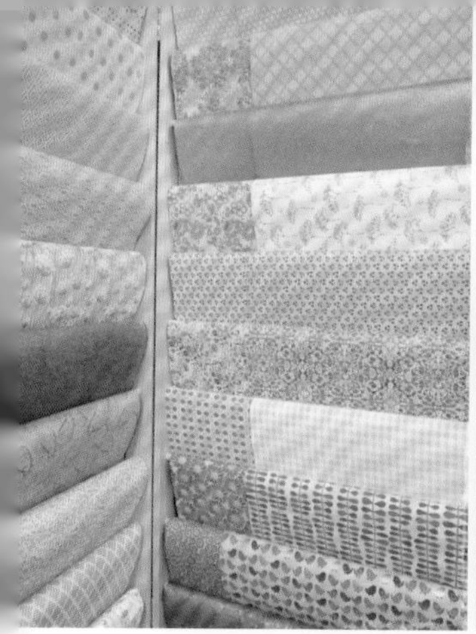

有如高級布料一般精緻的各種包裝美術紙，也是手作迷眼中可以發揮許多創意的素材。

圖中的卡片是利用店內販售的字母印章與立體金粉，所搭配設計而成的 DIY 卡片。

Paper Source

「Paper Source」是一間在比佛利山莊，西好萊塢，聖塔摩妮卡、巴莎迪娜等，主要觀光景點都有分店的精緻手創工具與雜貨小物店鋪。米白色的外牆搭配很有質感的咖啡色字體 LOGO，大片的落地玻璃窗，店內以鮮明的顏色裝飾，並且滿滿地陳列了種類豐富而且設計精美可愛的美術紙、卡片、印章、打孔器、手帳、桌曆、月曆、筆類等商品。

在店內一整面牆的木架子上，可以找到各式各樣的印章。與日系品牌走可愛路線的印章相比，美國品牌是偏成熟的氣質風格。不同字體的原木字母印章以及完整配套的周邊商品，如各種顏色的印台、可呈現立體效果的金粉等，讓印章迷們光是在店內這一區域，就可以逛上許久的時間。

與日系品牌走可愛路線的印章相比，美國品牌是偏成熟的氣質風格。

在 Paper Source 也可以購買店家自有品牌的各種美術卡紙，再搭配印章等手創工具做出心意滿滿的獨一無二卡片。

若要舉辦婚宴或各種重要活動，也可到 Paper Source 訂購客製化的喜帖或邀請卡。顧客能夠依據自己的喜好挑選紙張的材質、形狀、顏色、與印刷字體，搭配出很有質感的個人化商品。

米白色外牆搭配有質感的咖啡色字體 LOGO。

即使在電子通訊當道的時代，許多美國人依舊堅持在重要節日寄送一張手寫卡片給親朋好友。

讓人血脈賁張的貼紙牆。

Scrampers

與亞洲國家相比，美國的文具手作迷們熱愛剪貼簿與相簿拼貼的歷史更為悠久。因此在洛杉磯這類大都會區，幾乎每一個社區商圈都可以找到獨立經營的手作文具材料店（Scrapbook Supply Stores）。與前面介紹的 Paper Source 連鎖商店相比，這類社區型店鋪的裝潢或許低調樸素一些，但令人驚喜的是商品種類往往更為豐富齊全。貼紙、印章、美術紙、筆記本、包裝材料、美術畫畫道具等藝術手藝材料應有盡有。這裡跟大家介紹的是位在洛杉磯南灣區的「Scrampers」。店內還附設了手作教室，開設各種手作 DIY 課程。我去逛的當天剛好碰到課程進行中，上課的學員們除了年輕女孩、家庭主婦，還有不少年長的美國老奶奶們。大家熱烈地討論著手作創意，熱鬧得不得了。

美國品牌的紙膠帶，這捲蜘蛛人設計很有巧思與創意。

也可以選購美國手作生活雜貨女王 Martha Stewart 品牌的精緻花邊打洞器。

Anthropologie

曾與MT合辦紐約展 mt Store in New York 的「Anthropologie」，是一間很有特色的生活雜貨、服飾、文具店。在美國許多城市的購物中心內都有分店。店內的裝潢與擺設很有個性與質感，生活雜貨與文具類商品雖然只占商品的少部分，卻非常值得一逛。天馬行空的設計的同時融合了一些古典氣質的商品風格，以及來自世界各地的特色文具商品，對於喜愛自己動腦筋拼貼與手作的朋友來說，在店內逛一圈就可能激發不少的創作靈感呢！

生活雜貨與書本筆記具一起陳列，文青雅痞風格強烈。

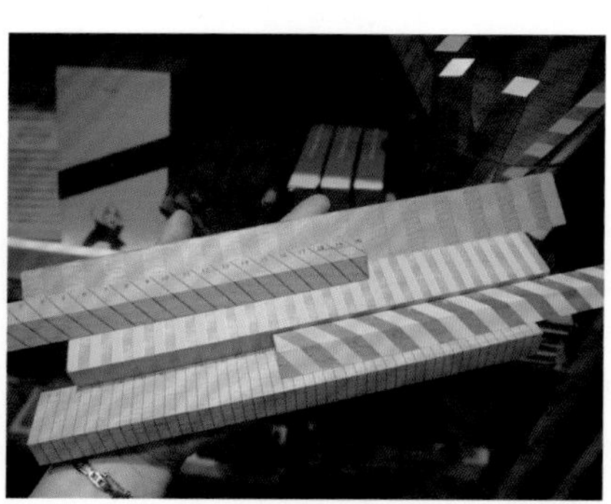
顏色漂亮的各種條紋設計木尺。

薄木片作成的膠帶捲，讓人眼睛一亮。

來自尼泊爾的漂亮手工裝飾鉛筆。

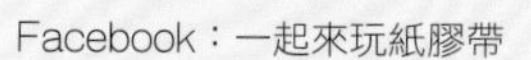

擁有美國加州的音樂學士以及鋼琴演奏碩士學位，
目前在台灣擔任英語講師以及英語檢定考試口試官。
雖然所學並非美術相關科系，但熱愛拼貼與手作，
也是個熱愛到東京旅行，探索挖掘新文具與手創商品的文具迷！
自兩年多前認識了紙膠帶這個極棒的手作素材以來，
平時喜愛嘗試以紙膠帶搭配各種來自東京或台灣在地品牌的文具小物，
DIY 各類型的手創作品。

Facebook：一起來玩紙膠帶

bon matin 71

文具手帖 season : 08 插畫家筆下的色彩人生

總 編 輯　張瑩瑩
副總編輯　蔡麗真
美術編輯　林佩樺
封面設計　IF OFFICE

責任編輯　莊麗娜
行銷企畫　林麗紅

社　　長　郭重興
發行人兼出版總監　曾大福
出　　版　野人文化股份有限公司
發　　行　遠足文化事業股份有限公司
地址：231新北市新店區民權路108-2號9樓
電話：（02）2218-1417　傳真：（02）86671065
電子信箱：service@bookrep.com.tw
網址：www.bookrep.com.tw
郵撥帳號：19504465遠足文化事業股份有限公司
客服專線：0800-221-029
法律顧問　華洋法律事務所　蘇文生律師
印　　製　凱林彩印股份有限公司
初　　版　2015年06月

定　　價　350元
套書ISBN　978-986-384-059-6

歡迎團體訂購，另有優惠，請洽業務部（02）22181417分機1120、1123

國家圖書館出版品預行編目(CIP)資料

文具手帖. Season 8, 插畫家筆下的色彩人生 / Hally等著. -- 初版. -- 新北市 : 野人文化出版 : 遠足文化發行, 2015.06　面；　公分. -- (Bon matin ; 71)

ISBN 978-986-384-059-6(平裝)

1.文具 2.商品設計

479.9　　104005964

野人

野人文化
讀者回函卡

感謝您購買《文具手帖Season 08：插畫家筆下的色彩人生》

姓　名　　　　　　　　　　　　　　　□女 □男　　年齡

地　址

電　話　　　　　　　　　　手機

Email

學　歷 □國中(含以下) □高中職　□大專　□研究所以上

職　業 □生產/製造　□金融/商業　□傳播/廣告　□軍警/公務員
□教育/文化　□旅遊/運輸　□醫療/保健　□仲介/服務
□學生　□自由/家管　□其他

◆你從何處知道此書？
□書店　□書訊　□書評　□報紙　□廣播　□電視　□網路
□廣告DM　□親友介紹　□其他

◆您在哪裡買到本書？
□誠品書店　□誠品網路書店　□金石堂書店　□金石堂網路書店
□博客來網路書店　□其他____________

◆你的閱讀習慣：
□親子教養　□文學　□翻譯小說　□日文小說　□華文小說　□藝術設計
□人文社科　□自然科學　□商業理財　□宗教哲學　□心理勵志
□休閒生活（旅遊、瘦身、美容、園藝等）　□手工藝／DIY　□飲食／食譜
□健康養生　□兩性　□圖文書／漫畫　□其他

◆你對本書的評價：（請填代號，1. 非常滿意　2. 滿意　3. 尚可　4. 待改進）
書名_____封面設計_____版面編排_____印刷_____內容_____
整體評價_____

◆希望我們為您增加什麼樣的內容：

◆你對本書的建議：

廣　告　回　函
板橋郵政管理局登記證
板橋廣字第143號

郵資已付　免貼郵票

23141
新北市新店區民權路108-2號9樓
野人文化股份有限公司 收

請沿線撕下對折寄回

書名：文具手帖Season 08：插畫家筆下的色彩人生

書號：bon matin 71

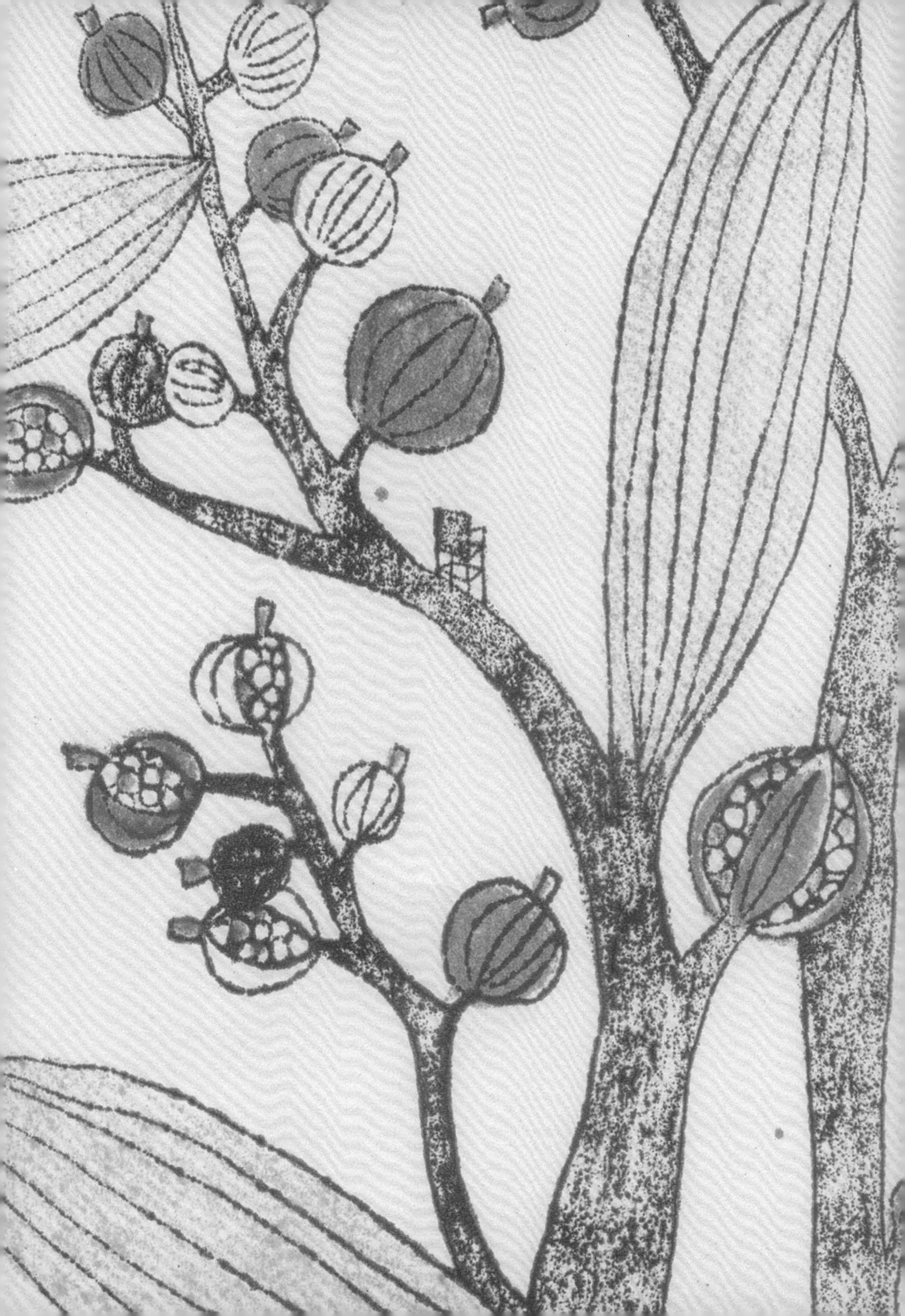